孩子超喜爱的科学日记

肖叶 曹思颉 / 著 杜煜 / 绘

动物超神奇

以日记为引，讲动物百科

1分钟了解1个知识点

人民文学出版社 天天出版社

日记好看，科学好玩儿

国际儿童读物联盟主席　张明舟

人类有好奇的天性，这一点在少年儿童身上体现得尤为突出：他们求知欲旺盛，感官敏锐，爱问“为什么”，对了解身边的世界具有极大热情。各类科普作品、科普场馆无疑是他们接触科学知识的窗口。其中，科普图书因内容丰富、携带方便、易于保存等优势，成为少年儿童及其家长的首选。

“孩子超喜爱的科学日记”是一套独特的为小学生编写的原创日记体科普童书，这里不仅记录了丰富有趣的日常生活，还透过“身边事”讲科学。书中的主人公是以男孩童晓童为首的三个“科学小超人”，他们从身边的生活入手，探索科学的秘密花园，为我们展开了一道道独特的风景。童晓童的“日记”记录了这些有趣的故事，也自然而然地融入了科普知识。图书内容围绕动物、植物、物理、太空、军事、环保、数学、地球、人体、化学、娱乐、交通等主题展开。每篇日记之后有“科学小贴士”环节，重点介绍日记中提到的一个知识点或是一种科学理念。每册末尾还专门为小读者讲解如何写观察日记、如何进行科学小实验等。

我在和作者交流中了解到本系列图书的所有内容都是从无到有、从有到精，慢慢打磨出来的。文字作者一方面需要掌握多学科的大量科学知识，并随时查阅最新成果，保证知识点准确；另一方

面还要考虑少年儿童的阅读喜好，构思出生动曲折的情节，并将知识点自然地融入其中。这既需要勤奋踏实的工作，也需要创意和灵感。绘画者则需要将文字内容用灵动幽默的插图表现出来，不但要抓住故事情节的关键点，让小读者看后“会心一笑”，在涉及动植物、器物等时，更要参考大量图片资料，力求精确真实。科普读物因其内容特点，尤其要求精益求精，不能出现观念的扭曲和知识点的纰漏。

“孩子超喜爱的科学日记”系列将文学和科普结合起来，以一个普通小学生的角度来讲述，让小读者产生亲切感和好奇心，拉近了他们与科学之间的距离。严谨又贴近生活的科学知识，配上生动有趣的形式、活泼幽默的语言、大气灵动的插图，能让小读者坐下来慢慢欣赏，带领他们进入科学的领地，在不知不觉间，既掌握了知识点，又萌发了对科学的持续好奇，培养起基本的科学思维方式和方法。孩子心中这颗科学的种子会慢慢生根发芽，陪伴他们走过求学、就业、生活的各个阶段，让他们对自己、对自然、对社会的认识更加透彻，应对挑战更加得心应手。这无论对小读者自己的全面发展，还是整个国家社会的进步，都有非常积极的作用。同时，也为我国的原创少儿科普图书事业贡献了自己的力量。

我从日记里看到了“日常生活的伟大之处”。原来，日常生活中很多小小的细节，都可能是经历了千百年逐渐演化而来。“孩子超喜爱的科学日记”在对日常生活的探究中，展示了科学，也揭开了历史。

她叫范小米，同学们都喜欢叫她米粒。他叫皮尔森，中文名叫高兴。我呢，我叫童晓童，同学们都叫我童童。我们三个人既是同学也是最好的朋友，还可以说是“臭味相投”吧！这是因为我们有共同的爱好。我们都有好奇心，我们都爱冒险，还有就是我们都酷爱科学。所以，同学们都叫我们“科学小超人”。

童晓童一家

童晓童　男，10岁，阳光小学四年级（1）班学生

我长得不能说帅，个子嘛也不算高，学习成绩中等，可大伙儿都说我自信心爆棚，而且是淘气包一个。沮丧、焦虑这种类型的情绪，都跟我走得不太近。大家都叫我童童。

我的爸爸是一个摄影师，他总是满世界地玩儿，顺便拍一些美得叫人不敢相信的照片登在杂志上。他喜欢拍风景，有时候也拍人。其实，我觉得他最好的作品都是把镜头对准我和妈妈的时候诞生的。

我的妈妈是一个编剧。可是她花在键盘上的时间并不多，她总是在跟朋友聊天、逛街、看书、沉思默想、照着菜谱做美食的分分秒秒中，孕育出好玩儿的故事。为了写好她的故事，妈妈不停地在家里扮演着各种各样的角色，比如侦探、法官，甚至是坏蛋。有时，我和爸爸也进入角色和她一起演。好玩儿！我喜欢。

我的爱犬琥珀得名于它那双“上不了台面”的眼睛。在有些人看来，蓝色与褐色才是古代牧羊犬眼睛最美的颜色。8 岁那年，我在一个拆迁房的周围发现了它，那时它才 6 个月，似乎是被以前的主人遗弃了，也许正是因为它的眼睛。我从那双琥珀色的眼睛里，看到了对家的渴望。小小的我跟小小的琥珀，就这样结缘了。

范小米一家

范小米　女，10岁，阳光小学四年级（1）班学生

我是童晓童的同班同学兼邻居，大家都叫我米粒。其实，我长得又高又瘦，也挺好看。只怪爸爸妈妈给我起名字时没有用心。没事儿的时候，我喜欢养花、发呆，思绪无边无际地漫游，一会儿飞越太阳系，一会儿潜到地壳的深处。有很多好玩儿的事情在近100年之内无法实现，所以，怎么能放过想一想的乐趣呢？

我的爸爸是一个考古工作者。据我判断，爸爸每天都在历史和现实之间穿越。比如，他下午才参加了一个新发掘古墓的文物测定，晚饭桌上，我和妈妈就会听到最新鲜的干尸故事。爸爸从散碎的细节中整理出因果链，让每一个故事都那么奇异动人。爸爸很赞赏我的拾荒行动，在他看来，考古本质上也是一种拾荒。

我妈妈是天文馆的研究员。爸爸埋头挖地，她却仰望星空。我成为一个矛盾体的根源很可能就在这儿。妈妈有时举办天文知识讲座，也写一些有关天文的科普文章，最好玩儿的是制作宇宙剧场的节目。妈妈知道我好这口儿，每次有新节目试播，都会带我去尝鲜。

我的猫名叫小饭，妈妈说，它恨不得长在我的身上。无论什么时候，无论在哪儿，只要一看到我，它就一溜小跑，来到我的跟前。要是我不立马知情识趣地把它抱在怀里，它就会把我的腿当成猫爬架，直到把我绊倒为止。

皮尔森一家

皮尔森 男，11岁，阳光小学四年级（1）班学生

我是童晓童和范小米的同班同学，也是童晓童的铁哥们儿。虽然我是一个英国人，但我在中国出生，会说一口地道的普通话，也算是个中国通啦！小的时候妈妈老怕我饿着，使劲儿给我攮饭，把我养成了个小胖子。不过胖有胖的范儿，而且，我每天都乐呵呵的，所以，爷爷给我起了个中文名字叫高兴。

我爸爸是野生动物学家。从我们家常常召开“世界人种博览会”的情况来看，就知道爸爸的朋友遍天下。我和童晓童穿“兄弟装”的那两件有点儿像野人穿的衣服，就是我爸爸野外考察时带回来的。

我妈妈是外国语学院的老师，虽然才36岁，认识爸爸却有30年了。妈妈简直是个语言天才，她会6国语言，除了教课以外，她还常常兼任爸爸的翻译。

我爷爷奶奶很早就定居中国了。退休之前，爷爷是大学生物学教授。现在，他跟奶奶一起，住在一座山中别墅里，还开垦了一块荒地，过起了农夫的生活。

奶奶是一个跨界艺术家。她喜欢奇装异服，喜欢用各种颜色折腾她的头发，还喜欢在画布上把爷爷变成一个青蛙身子的老小伙儿，她说这就是她的青蛙王子。有时候，她喜欢用笔和颜料以外的材料画画。我在一幅名叫《午后》的画上，发现了一些干枯的花瓣，还有过了期的绿豆渣。

目 录

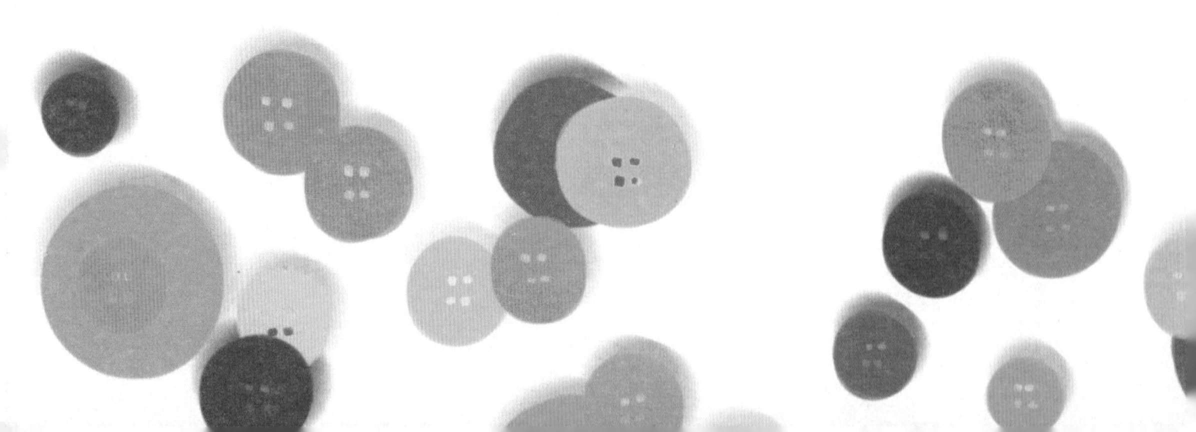

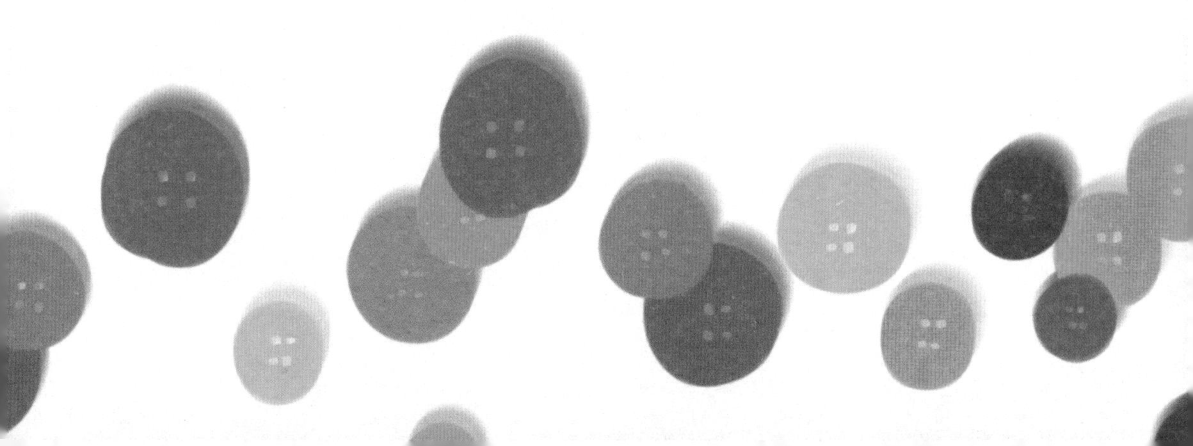

2月5日 星期一
"科学小超人动物站"春日起航

早晨，我躺在床上给脑细胞做队列训练，思考未来的春游计划。昨天立春刚过，今天是新的季节，这简直太棒了——除了暂时还上不去的温度，所以，我不得不继续用企鹅抱团取暖的方式，在床上像叠罗汉一样堆了许多毛绒玩偶，把自己埋

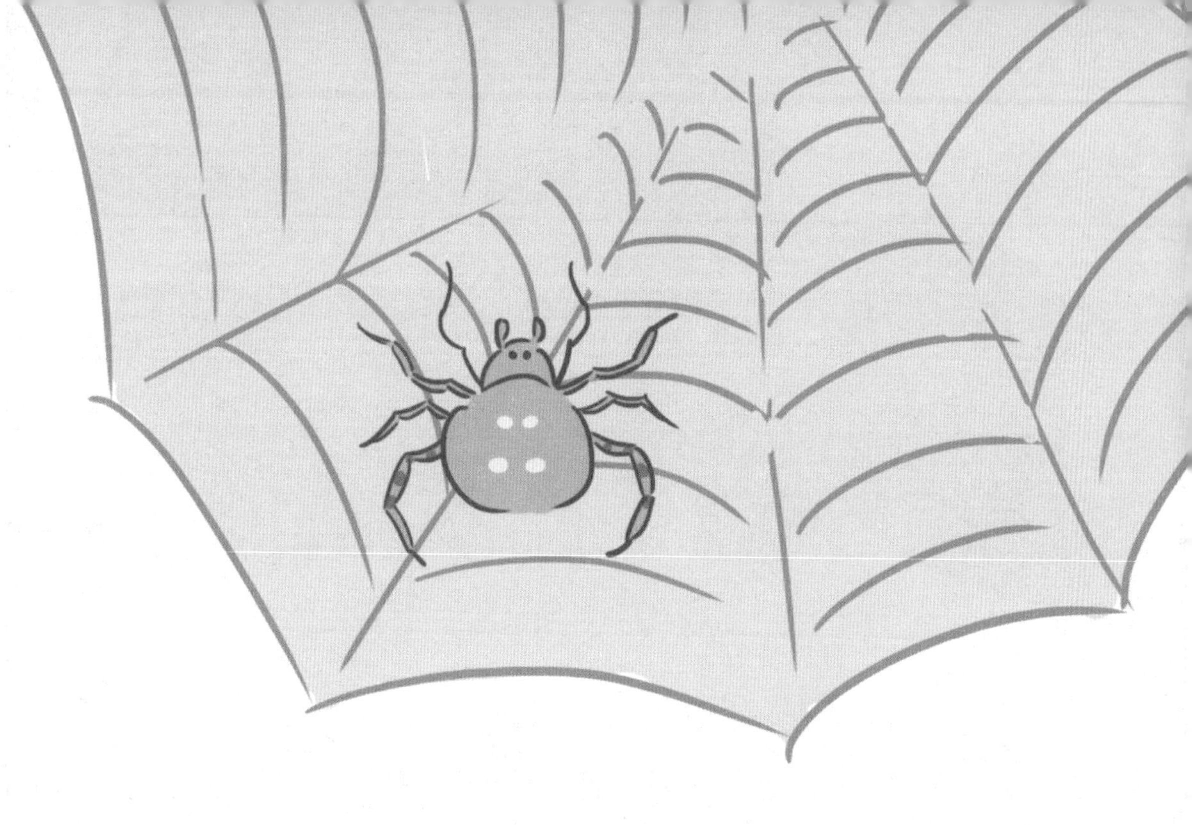

在最下面。

听见一阵窸窣声，门口探进一个毛鼻子，原来是等待开饭的琥珀。它的食量虽然不比一天需要3000只贝类的海象，但饿得非常准时。这不，又是6点！

肚子空空的琥珀在我腿边绕来绕去，突然，它安静了下来。哈哈，原来它盯上了墙角吊下的新伙伴——一只园蛛。咦？春天刚到，就有小家伙出来活动啦！

我小心翼翼地起身，去和园蛛玩个小游戏。要知道，园蛛白天都会躲在它的藏身之所，也许是一片树叶，现在是我桌上的一堆报纸。它藏起来时，会用一根信号丝把自己和蛛网连起来，这样，一旦“好事来临”，它就能第一时间知道。你看，这只

园蛛正要害羞地躲进我桌上的报纸堆里。游戏开始了，我找到那根信号蛛丝，用草茎轻轻碰碰它。果然，园蛛很快就出现了！不过，当它看见并没有食物时，又马上消失了。

哈哈，傻不傻，这些存在了上亿年的小虫虫们，还是那么容易上当。等等，这么说，几百万年前才出现的我们其实是虫虫的“客人”！而现在“客人们”却鸠占鹊巢，霸占着地球！咦，我是不是发现了一个真相？

不如把这个春天的假期和周末都划给小动物吧！就像刚才

那样和园蛛玩个小游戏就不错，这正是2月该有的模样。粗算一下，光是科学家们已经“记录在案”的动物就有将近140万种，哪怕把未来一年的时间都划出来给它们，也还不够吧？

有敲门声，高兴来玩了！瞧他手里拿着什么？圣桑的《动物狂欢节》！哈哈，这好像是在暗示些什么哟！咱们“科学小超人”又有新任务喽！

科学小贴士

除了利用草茎，还有别的法子可以逗园蛛。比如把米粒大小的一小团纸巾扔到蛛网上（可别砸坏了蛛网），园蛛感受到动静后马上就会现身啦！如果发现没有猎物，它就先把纸巾屑弄走，再躲起来。不过，这种逗乐行为有“欺骗”的嫌疑，要适可而止，可别惹恼了它们这个庞大的群体哟！我们目前已知的动物物种，大约80%都属于节肢动物，蜘蛛属于其中的蛛形纲。所以，几乎所有的生活空间都可见到蜘蛛和它的小伙伴们的身影！

3月21日 星期三
螨虫奶酪

今天是春分，其他同学玩着竖鸡蛋，吃春菜，猜猜我们在干吗？我给大家带去了一大块庆祝节气的奶酪，一大块“螨虫奶酪”！

这是爸爸从德国萨克森－安哈特州带来的特产。原本平常的奶酪，暴露在装着螨虫的木箱中发酵一段时间，就变成了“螨虫奶酪”。味道嘛，微微有点儿苦。

米粒和高兴迫不及待尝了一大勺，看他俩满脸刺激的表情，我犹豫着要不要把真相说出来——其实呢，这并不是真的螨虫奶酪。因为爸爸在德国的工作实在太紧张，最后只能匆忙在机场店买了这略显普通的哈兹奶酪带给我们，一种有淡淡孜然味的酸奶酪。

当我的犹豫还在安装更新，装奶酪的盘子就像刚被刺鲀扫荡过的珊瑚礁一样——光秃秃的什么都不剩。他俩太爱吃发酵的牛奶制品啦！

高兴打了个饱嗝儿："今天可以吃到这种'违规'食品，简直太棒啦！"螨虫奶酪因为它的"粗野"，确实在一些国家

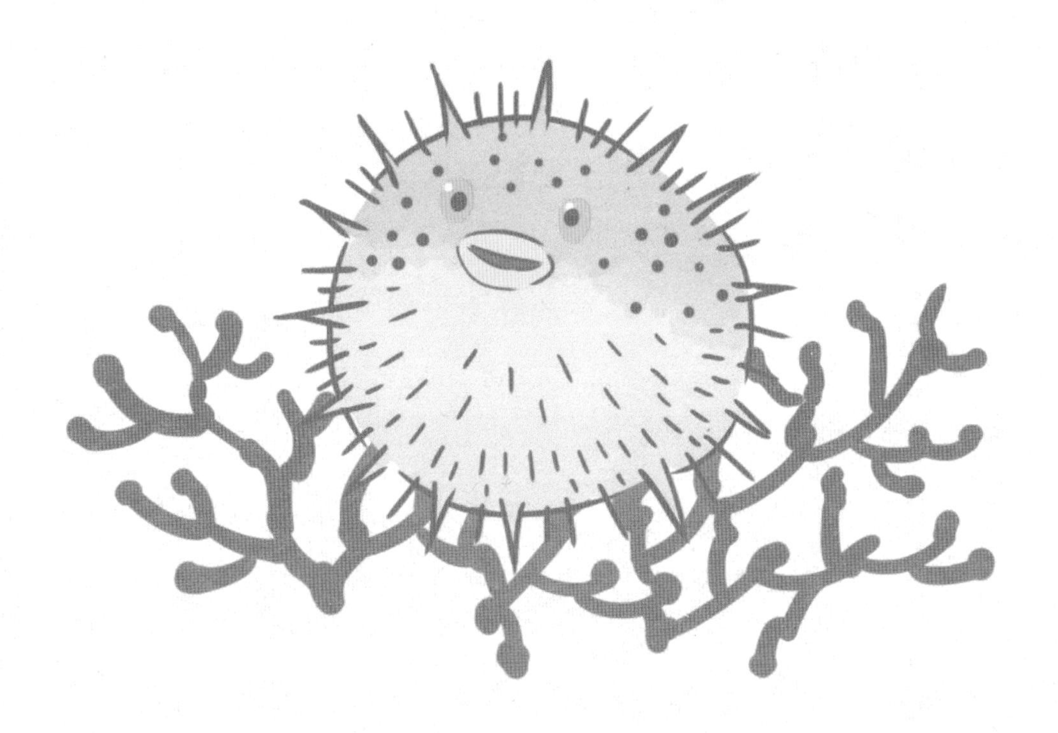

被认为是违规食品。米粒似乎也因为这种“违规操作”而吃得更带劲儿了。想象一下，让一块奶酪和螨虫一起待上几个月，接受螨虫排泄物的洗礼，然后慢慢地从黄色变成了黑色。这种料理食物的方法真的太粗犷了。

15分钟过去了，米粒居然还在不停嚼嘴里的奶酪。也许她想充分吸收其中的营养，好抵抗室内的尘埃。据说螨虫奶酪对室内尘埃过敏有一定治疗作用。

趁小组成员还在消化食物，我决定把真相公布出来——刚才他们吃下肚的奶酪里，其实并没有螨虫和它们的排泄物。果然，可能因为他俩的血液都已涌去胃部工作，生气这种情绪最终没有出现。不过为了惩罚“欺骗”，我被迫签了两张“兑换券”。兑换内容是一次免费的“德国螨虫奶酪之旅”，使用者一张是皮尔森，另一张是范小米。兑换地点为童晓童所在的世界任何角落。兑换券有效期为：一万年！

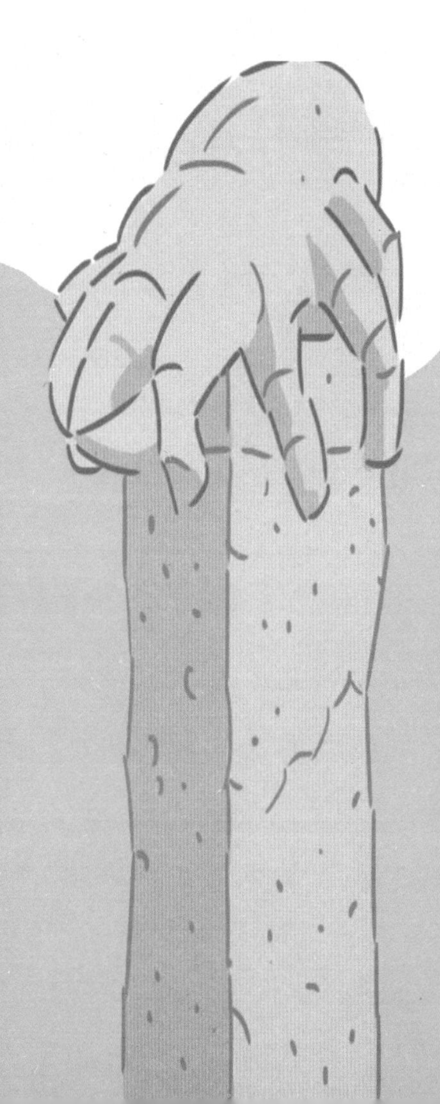

科学小贴士

螨虫和不受欢迎的蜱虫是属于同一个家族的，都不太招人待见。没想到，因为神奇的螨虫奶酪，它有了另一种身份。德国的小镇乌尔希维茨还有一座奶酪虫雕塑呢！据说，在那座中空的雕塑里，时常会放着免费的螨虫奶酪，供路人体验。一想到在品尝它时，会有虫子经过我的口腔和食道，就迫不及待想要去那里体验一下啦！

4月1日 星期日
和动物捉迷藏

好一阵没出去玩耍，快发霉啦！家里那些小爬虫的出行规律早被我摸透啦，最近蠢蠢欲动想看屋外的动物。4月正是踏青的好时机，不是吗？喊上米粒和高兴一块儿去。

有条来自米粒的小贴士：别看昆虫看起来爱到处乱跑，其实它们胆儿小着呢，所以得轻手轻脚。

虽然蜘蛛或6条腿的昆虫会怕生，但真想要偷看它们的话，方法也不少。它们可能的藏身地有石块和木头，落叶堆和枯枝最好也去翻一翻，或是摇晃下灌木，另外腐烂树干上的树皮也可能聚集着小昆虫。

米粒宣布今天要来个野外捉迷藏，为此她准备了些大家伙：4根长竹竿，4根短竹竿，光扛这些竿子就费老大劲儿了；再加上一块深色布料、大号安全别针、绳子和剪刀。

又到了动手的时候，米粒给我跟高兴派了体力活儿——将

那4根长竹竿插到地面上。接着，她告诉我们得用那4根短竹竿把长竹竿的顶部连起来。到目前为止，高兴和我还不清楚米粒到底要做一个什么东西。我俩的迷茫一直持续到三人合力将那块深色的布盖在搭好的竹竿架子上，看见这么个雏形，我和高兴终于明白了点儿。

上面的步骤，大人的身高优势能为我们节省很多时间和力

气，要是有他们的帮忙就再好不过了！最后用安全别针连接好布的边沿，留下足够大的空间用来观察。临时掩藏屋完成啦！“科学小超人”的成员赶紧钻进去，游戏开始喽！

嘘！保持安静，否则会吓跑你准备观察的动物。

接下来发生了什么？动物自顾自地在一旁快乐玩耍、尽情

地吃着东西，真的都不知道有我们的存在！

整个下午，我们就在这小屋里扮演“蘑菇”，安静地看着由昆虫和其他动物组成的大军在脚边来来回回，然后目送它们远去。我们约法三章，无论什么稀奇爬虫路过，都不能伸手触摸，更不能捕捉。特别有爱吧！看见没，我就是那朵戴着望远镜的小蘑菇。

科学小贴士

每年3月开始，一直到10月，是蜱虫撒欢的时候。它们潜伏在草地、灌木中，随时待命。蜱虫会用带倒钩的刺吸式口器叮咬人类和动物，并且吸食他们的血液。更严重的是，蜱虫会传播致命疾病，这可绝不是危言耸听。所以在野外最好穿长袖衣服和长裤，扎紧袖口和裤腿，活动之后一定要里里外外仔细查看，不要给蜱虫留下任何机会。一旦发现被蜱虫咬住，切不可随意怕打捏拽，应及时就医处理。

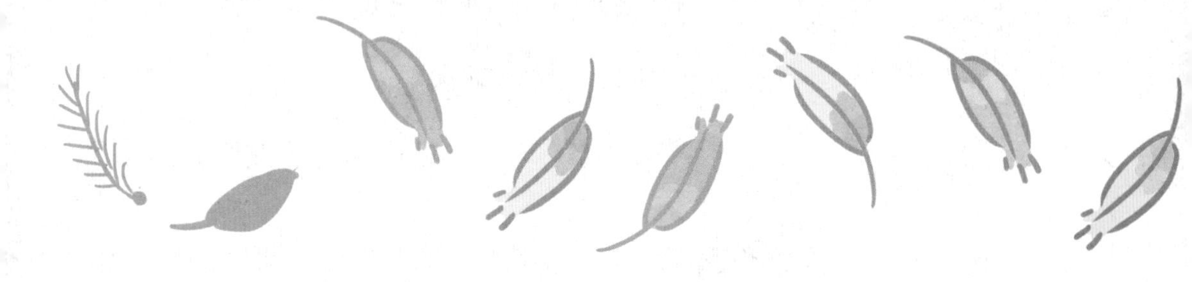

4月6日 星期五
小饭的幸福猫生

给小饭做玩具怎么能少了我们的参与？这就是我们今天在米粒家需要完成的任务。米粒不知从哪儿变出了许多鸟羽毛，竹筒倒豆子似的一股脑儿全摆在桌上。看起来，上回在野地，我们在捉迷藏时她在捡鸟羽毛，当时她一定就已经计划好要给她亲爱的小饭做玩具了。这只小猫，会知道自己多幸福吗？

猫咪玩具制作的第一步已经提前完成啦，就是收集一些鸟类羽毛，这些羽毛在池塘边很常见。玩具上的羽毛越多，猫咪就会越喜欢！

高兴被派去将羽毛清洁消毒，我负责将它们梳理整齐，最细心的米粒则担任最后把关的角色。羽毛上可能残留的粪便或者血迹特别要去除，这些都不够卫生、安全。洗干净的羽毛还需要吹干，等它们恢复蓬松时，就用结实的细线绑在一起。

逗猫的玩具需要很大的灵活性，我们挑了一根不长不短的

棍子，把羽毛末端固定在棍子的一头，接下来就开始期待小饭为它疯狂的样子啦！猫咪对从外头带来的新东西都有一种狂热。所以说，家中的玩具定期换新可以让猫咪的幸福感提升。

我们早就听说，绝育后的小饭有些微妙的改变。比如，突然生出个螃蟹胃，它似乎要去吃掉遇见的任何东西，不管是死是活。还有那么一两次，米粒忘记在睡前清干净垃圾桶，早晨醒来后几乎以为一群海鸥夜闯厨房——垃圾桶屁股朝上，地板上全是前一天的晚餐内容。其实，这不过是小饭的“杰作”啦！

小饭除了喜欢翻垃圾、玩游戏，还很喜欢琥珀。这也不是什么新鲜事儿，这两只猫狗处得好，大家都知道。但可能只有我知道其中的原因，就是猫这种动物，喜爱和“不怎么待见”自己的动物相处！因为这样它们便不会被打扰，不会被胡乱抚摸，可以静静地想着自己的心事，自由地选择时机向对方示好。或许正因为琥珀的一丝“淡定”，才让它俩相处得如此融洽吧！

科学小贴士

小饭爱做三件事：埋屎，舔毛，喝别人杯里的饮料。可爱的猫咪也并非所有人都能亲近的，有的人群会对它们过敏。出乎意料的是，过敏源并非漫天飞舞的毛发，而是一种微小的蛋白质，它存在于猫咪的脂肪腺、唾液和尿液中。如果在饲养过程中才发现自己对这种蛋白质过敏，不得不送走家中的小猫，那真是十分遗憾的事情。所以，养宠物之前还需考虑周到呀！

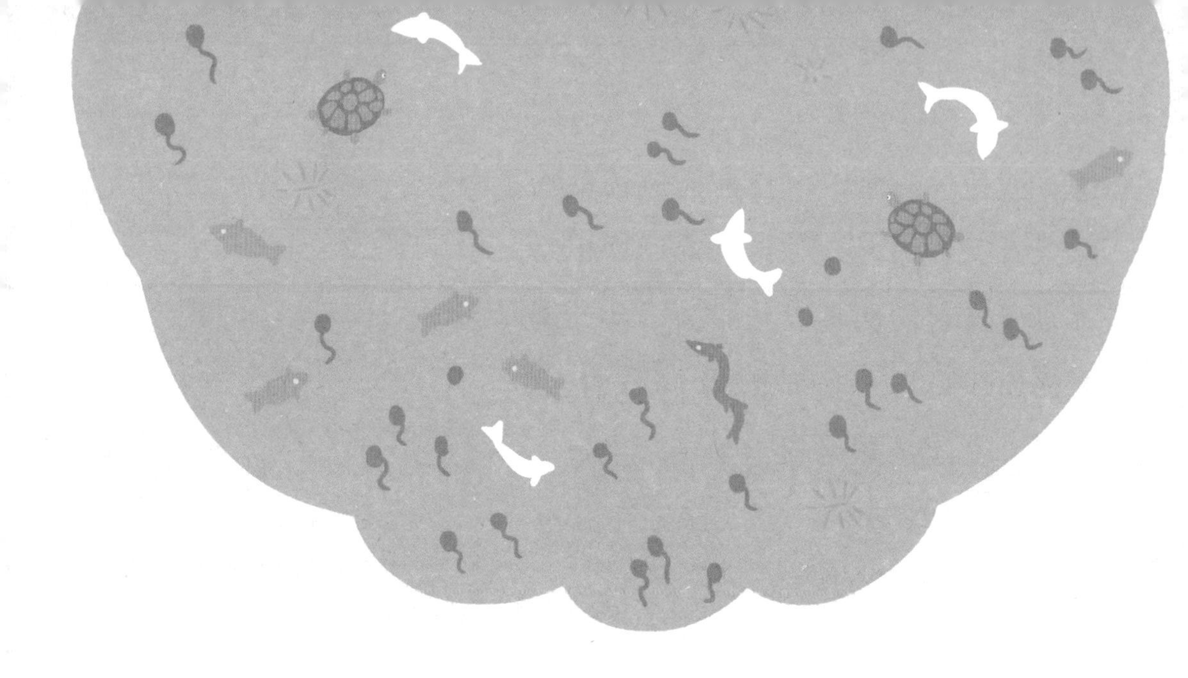

4月14日 星期六 拜访溪边的青蛙

"丁零零！"电话铃响了。这才6点都没到呢，到底是闹钟坏了，还是电话傻了？会不会是外星人趁着天没亮，来做问卷调查？我设想了18种可能后，接起了电话，发现是第19种可能。

到底怎么了呢？其实是米粒被早起吃虫的鸟儿们吵醒了，这风格强烈的"叽叽喳喳"的拜访真是让人哭笑不得。"小心眼儿"的米粒觉得必须要找些同伴和她一块儿早起。于是就叫上我和高兴一块儿去“拜访”溪边的小家伙们。到达溪边的时候，才刚刚是平时上第一堂课的时间。

一条小溪的岸边和水里，大约能有1500种生物。我专门带上计数器，准备大干一场，先发现个1000种吧！

水生动物们爱把自己藏起来，它们若是随便乱游，可能会有生命危险。乱麻一样的水草是它们最好的战壕，另外小石头和岸边的树枝也都不赖！

想要潜入水下侦察它们，除了变身成一棵无害蒲草外，还可以做个水下望远镜。这次的准备材料有铁皮罐、保鲜膜、橡

皮筋。小小物件，当然难不倒喜欢收藏“垃圾”的我。只三两下，我就“变”出了这些东西。

开工啦！我们先用开瓶器在铁皮罐底部和罐盖上各打一个洞。如果没有开瓶器，就用钥匙来代替吧，也许还能有更好的效果呢！然后，用锤子将洞口周围的尖棱敲平——这一步我们用小石头代替了锤子。接着我们拿出保鲜膜，紧紧地绷在罐盖和罐底上，再箍上橡皮筋固定。这么简单的三步，我们的水下望远镜就做好啦！需要注

意的是，保鲜膜一定要固定好，这样才不会进水，而且能保证视线的清晰。

透过水下望远镜，我们看到最多的居然是青蛙和它的孩子们。大约 500 个单卵组成的卵团黏附在水生植物上，静静等待生命奇迹的发生。另外一边，还有正在进行春季迁徙的蛙类前赴后继。

傍晚时分，我的计数器显示的数字为 15。后头不应该再有两个 0 吗？高兴分析，也许是我们的动静太大，让其他 1485 种生物不敢露面。下回，我们得耐着性子，向跳蛛学习如何悄无声息地靠近猎物——它可是偷袭的高手。

科学小贴士

有一种蛙，在中国主要分布于东北地区，在欧洲十分常见，叫作林蛙。欧洲的林蛙们，冬眠地距离产卵地常常有点儿远，每年夏天需要穿过繁忙的街道回到产卵地，这时候每每有热心的志愿者一路护送不懂交通规则的它们，直到进入安全的地带。

4 月 16 日 星期一 霉菌豆、发烧了

我发烧了。可能的致病原因有：75.4% 的可能为在溪边着了凉，22.5% 的可能为吃了沾上苍蝇唾液的食物，另有 2.1% 的可能是被夜晚突然出现的蝙蝠惊吓到了。

不出意料地，放学后米粒和高兴来看我了！我用三倍慢速的动作假装挣扎着起身，不过骗同情的小把戏好像很快被识破了，高兴婉转地说，小朋友发烧其实最正常不过了，简直和兔子爱吃盲肠便来获取营养一样正常，应该用坚强的态度正确对待。

米粒从进门就没说话，好像女生总是比男生复杂，真的很难懂啊！

后来我知道，米粒是因为被取了一个新绰号——“霉菌豆”而郁郁寡欢。被这么叫只是因为她不爱晒太阳。叫我说，不喜

欢日光的应该叫作“蝎子”，因为蝎子生命力极强，连续地不吃不喝好几天也没事儿，可它们最害怕一件事——晒太阳！不过，我是不会叫米粒“霉菌豆”的。因为在取绰号这件事上，“科学小超人”的观点是

一致的，就是这也算校园暴力，除非绰号特别酷——我觉得“蝎子”就很酷。

他俩在吃晚饭的时候各自回家了。晚饭桌上，爸爸吹嘘自己念书的时候身体多么棒，极少生病。爸爸说我生病频率高可能是因为挑食，如果把我丢到深海海底，一切就会改

观。因为那里又冷又黑，食物资源也不丰富，深海海底的动物们几乎是这顿吃完了，不知道下次什么时候能吃上。想象一下如果我生活在条件那么恶劣的地方，待到饿肚子时，只要是一份可以吃的东西，我大概都能嚼得津津有味。

科学小贴士

除了深海海底，世界上还有块非常冷、条件非常恶劣的地方，就是极地。在那儿几乎见不到雨水，唯一的常客便是寒风。能够生活在那儿的生物寥寥无几，它们都是极地战士，如北极的麝牛、北极熊和南极的帝企鹅、海豹就是其中的佼佼者。

4月21日 星期六 如果是只小豚鼠

这个周末，闲不住的未来作家童晓童——也就是我，没有出门“探险”，而是在自己家的院子里忙活，布置场地，因为大人物马上就要光临啦！

时钟分针的脚刚踏上数字“12”，门铃声响起——来了！让我们欢迎高兴和他的豚鼠们！

猜到了吗？今天是两个小家伙的生日，有什么庆祝方式能比让它俩在“豚鼠运动场”里疯玩更美好的呢？一个在人类花园里的“豚鼠专用运动场”，能让它们花上整天的时间在里头东闻闻、西嗅嗅。前提是，得有人先用更多时间来打造这个运动场。我就足足花了一周来布置，当然，要感谢爸爸的倾情帮

助！运动场的栅栏不能让猫猫狗狗进来，屋顶不能溜进鸟儿，最好还能遮阳挡雨。不然，小宝贝们玩得正酣，被琥珀捣蛋或是有鸟儿要“强行加入”的话，那可糟糕啦！

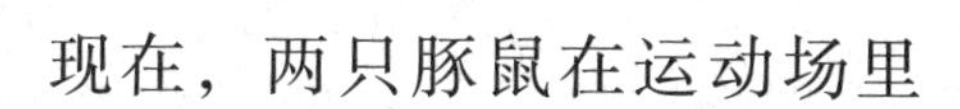

现在，两只豚鼠在运动场里玩得痛快，发出了欢快的叫声，一点儿都没将旁边的其他可疑生物（我和高兴）放在眼里。这和它们刚到高兴家那小心谨慎随时准备逃跑的样子，简直判若两鼠。这全归功于高兴的“糖衣炮弹”。因为，实在没什么小动物可以躲过美食攻势。在高兴接二连三的“攻击”下，豚鼠们很快认清了事实——自己确实是来到了好地方。现在，它们听到熟悉的脚步声和食物袋子的沙沙声就会尖叫呢！

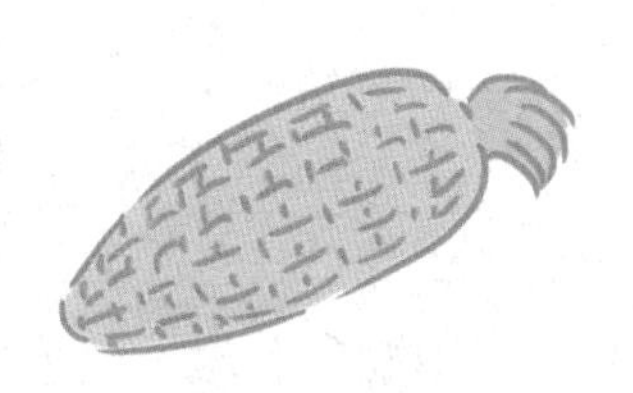
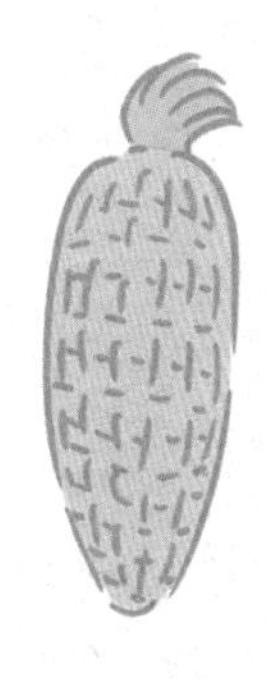

这么听起来，它俩对食物似乎是来者不拒。实际上，两只豚鼠在食物挑选上也是很有自己的原则的。如果给它们送上一份欢乐周末餐——蔬菜拼盘，拼盘里整齐摞满芹菜、胡萝卜、小黄瓜、地瓜叶和玉米，一定是芹菜和玉米首先被全部消灭，而胡萝卜始终保持原样。这就是它们顽固的口味。

嘿嘿，还有一件神秘礼物即将揭晓——是一大盒饲料草坪！这份大礼能让豚鼠兴奋不已，制作过程倒是相当简单。首先，得有一个容器，一个微波炉饭盒或者一个盘子就够了。在里头铺上一些厨房纸巾，用喷壶浇花器淋湿它们。薄薄地撒上一层麦粒，铺均匀了。剩下的工作就简单了，用喷壶时不时来点儿水，保持厨房纸巾的湿润，但是不能湿透。过不了几天，麦粒就会发芽喽！当麦苗长到差不多 10 厘米的时候，就可以把绿

色的麦苗端去献给豚鼠啦！

有一点需要高度注意：在麦苗长成的这段时间里，任何活泼的生物都可能对麦苗造成威胁，比如像小饭、琥珀那样的猫猫狗狗。

这一大盒宽敞的豚鼠草坪，对豚鼠来说又好玩又好吃。可惜对高兴来说，它太过迷你了。不然，他肯定会在上面陪他的小豚鼠们纵情奔跑。

科学小贴士

豚鼠聪明、温和，这让它们成为非常好的宠物。可是，豚鼠并非独居动物，至少要两只在一块儿。家养的豚鼠不太喜欢睡觉，爱玩儿着呢！它们的活动时间毫无规律，也许你起床、回家、半夜上厕所时都能看到豚鼠们在闹腾。别怀疑它们是不用休息的怪物，它们只不过是睡得比较少啦！

5月5日 星期六
“科学小超人”又出发啦

现在正是眼都不能眨的时候，每一秒都会有动物宝宝降临到这个世界。高兴爷爷广发邀请函，通知“山间动物博览会”就要在他的别墅周围召开。对于这样的事，“科学小超人”小组只会有一个词：“出发！”

5月的山和前几个月的又有不同，细微的变化搜集起来能装一麻袋。我正精心筛选山中信息，忽然，安静的林子里响起了什么声音。我抬头一看，大家应该是都听见了，正纷纷环顾四周。可是什么都没发现。但紧接着，那动静又出现了！一瞬间，那本被我冻在冰箱里的恐怖小说的内容，走进了我的脑袋里。就在大脑快要爆炸的时候，声响的始作俑者冒泡了。怎么是个小刺猬？

这只刺猬正享用一条肥大的毛虫，嘴里发出不符合它身形的“吧唧吧唧”声。高兴爷爷说，这是小型动物的经典把戏，为了保护自己，冒充大家伙，比如这“敲锣打鼓”的刺猬。海里的小型鱼类也常用这招，它们集合成一支庞大的队伍，前进转弯行动统一，不仔细分辨，真会以为那是一个“巨无霸”咧！

三分之一的山都没转完，就已经傍晚

了。有几只蚊子趁暮色袭击了我。米粒居然说她能看出这些蚊子的性别，一定全部是雌蚊子。难道米粒是火眼金睛？

大家要赶快回到高兴爷爷的别墅啦！来这儿之前，爷爷交代我准备些琥珀的毛发，现在终于知道原因了。原来高兴爷爷下周将要和他的学生自驾去北边的大草原，这些狗毛是为了防止可能出现的石貂。石貂是个捣蛋鬼，经常会钻进余温尚存的

汽车发动机里玩耍，咬断电线。一只塞满狗毛的尼龙袜，能让它不敢靠近。只不过，由于20世纪80年代以来的长期捕猎，石貂的数量不断下降，现在在野外其实很难见到它们了。

科学小贴士

经证实，袭击我的那些蚊子确实全部为雌性。米粒怎么会知道的呢？绝不是她火眼金睛，而是只有雌蚊子需要吸人血，因为它们要繁衍后代。雌蚊子还有可能传播疾病。如果蚊子叮咬了病人，病原体就可能因此进入蚊子体内，它就成了“病媒蚊”，疾病由此被它传播。在世界上大部分地区，尤其在热带地区，蚊子可是个严重的公共卫生问题。

5月12日 星期六 马铃薯的创可贴

三个月零七天前，就是“科学小超人动物站”试运行的头一天，我明白了一个真相：的确是直立行走的人类侵略了小昆虫们的地盘。米粒说，一条小溪的岸边就有大约1500种生物，或许我们用手掌撩撩水，就打翻了一只孑孓的美味晚餐。于是，

我们得出了一个结论：要与昆虫“室友”们在地球家园和睦相处。可没多久，一些小蚜虫们就给我们出了难题。

原本我们以为是今年春雨不足，妈妈种的土豆日渐消瘦，可后来才发现错怪雨神了，原来是土豆叶子上布满的窟窿和点点“繁星”。那点点“繁星”就是马铃薯长管蚜。它们带着滚圆的肚子，还霸占土豆叶子晒太阳！

妈妈拿它们一点儿辙也没有。因为不愿意洒农药，所以妈妈试着喷了一些泡过烟头的水以及洗衣粉水，然而蚜虫们始终牢牢霸着叶片，十分得意。

这不正是“科学小超人”田野实践的好时候吗？米粒出了个绝妙的主意：在“马铃薯—长管蚜虫”这条食物链中，安插个角色给草蛉幼虫！一只草蛉幼虫一生能吃掉七八百只蚜虫，所以它有个外号叫作蚜狮。我相信，这些蚜狮能演好自己的角色，嘿嘿！

其实这回我跟米粒想到一块儿去了，只是比她提早了几天行动。当时我说干就干，先找了些白纸条，将还没孵化的草蛉卵放在上面，下一步就是把这些白纸条静静地摆在马铃薯植株旁边，小点儿的纸条可以放在叶子上。果然，今天我们已经看见草蛉宝宝探着脑袋破壳而出了。叶子上红绿相间的长管蚜虫数量充足，草蛉宝宝可不会饿肚子。

让人牙痒痒的蚜虫果然被降伏了。妈妈管那些放着蚜狮卵的白纸条叫作“马铃薯的创可贴”。

在蚜狮和长管蚜虫你追我躲的时候，我们溜达到了花园。这儿虽然也会上演种种“地盘争夺战”，不过，更多的却是小

虫子们为寻找食物而四处忙碌。在这儿，你可以听到蝈蝈在草丛中鸣唱，可以看到蝴蝶在草尖上打盹儿。嘿，还有滚球达人屎壳郎在牛粪上劳作，纯手工打造比自己个头大的屎团子，再将它们一个个推走。

科学小贴士

蚜虫吸取植物汁液，导致植物丧失活力，变得枯萎、泛黄，甚至死亡。它们的唾液也危害植物，并且能在植物间传播疾病。这些都叫人对它们恨得牙痒痒。好在可以饲养瓢虫和草蛉来保护植物们。不过也有主动饲养蚜虫的动物，这就是蚂蚁。因为它们最爱吃蚜虫排泄的甜蜜便便——蜜露。每当需要品尝时，蚂蚁就用触角轻轻拍打蚜虫的屁股，这时，蚜虫就排泄出蜜露，供蚂蚁享用。这真是一种奇妙的共生关系。

5月23日 星期三
跟着毛毛虫爱上蔬菜

如果两人的感情建立在讨厌同一本漫画上，那是十分脆弱的。但如果除此之外还有更多同样讨厌的东西，就另当别论了。比如，我和高兴的感情就建立在讨厌同一本漫画，讨厌吃绿叶蔬菜上。

虽然我觉得绿叶蔬菜不太可口，不过我隐隐觉得，它们很可能拥有一种神奇的能量。大约数万年前在亚欧大陆北方生活着猛犸象，当时那儿的冬天特别寒冷，猛犸象们就趁着夏天植物茂盛时一个劲儿地吃草，把多余的营养和能量储存在脑袋后面那个像驼峰一样的大鼓包里，之后呢，就能安然度过冬季啦！

我可真不明白，光吃草就能蓄积那么大的能量？

还有一件事也让人疑惑，许多体形巨大的恐龙居然也有不吃肉只吃素的，比如背上有一排巨大骨质板的剑龙。

当我陷在“食草谜团”里时，米粒没给我点一盏明灯，反而在这谜团里加了点儿料——一盒活体毛毛虫。她拿了一盒毛毛虫宝宝到我家，竟让我喂它们一个月。米粒还给这新项目安了个名字，叫作“食草的力量”。她耐心教我这个新手如何招待这些身上长刺毛的尊贵朋友。

当时，米粒是在花园的植物上找到这些毛毛虫的。她把毛毛虫放到一个盒子里，同时剪下那些有它们生活痕迹的叶子，一起放进去。这会儿，毛毛虫们正满足地啃着叶子，搬家似乎对它们没什么影响。接下来就是我的任务了。找一个废旧饮料瓶，

把瓶底剪下，留着带瓶口的上半部分。再取一束毛毛虫们“光临”过的植物，需要带有根茎。用纸巾裹住茎部上端，塞进刚才剪下的半截饮料瓶里。怎么塞哩？将那半截瓶子倒着放，像漏斗那样，放上植物，让茎部穿过瓶口，纸巾刚好充当塞子。到这儿已经距离成功相当近啦，继续努力！找一个大小合适的广口瓶，倒点儿水，将刚才的植物加饮料瓶一起放进去，水要没过植物的根茎部。最后一步，把毛毛虫们放进漏斗瓶子里，用纱布或者网罩盖好，防止它们溜走。完成啦！

作为毛毛虫的监护人，我十分尽责，每天把它们喂得肚子鼓鼓的。就连原本属于自己的叶子菜也一并让给它们——没错，我只是想逃避吃这些叶子菜。处在生长发育期的毛毛虫极其贪吃，但它们也不是对每种菜都有兴趣。于是我决定，每天换着花样喂它们，直到找出毛毛虫的“最爱”。

这些小家伙们一刻不停地吃，暗暗地积蓄能量，某一天它们会突然变成小肉肠那样的蛹。最后，在某个重要时刻，它们就会实现华丽大变身，羽化成蝴蝶或者蛾子。

妈妈对我养毛毛虫简直一万个赞同。我明白她的心思，不就是想着我也跟毛毛虫一样，爱上吃菜喽！

科学小贴士

“食草谜团”的解答：食草动物有神奇的胃，能将草里的纤维素、果胶等分解，给肌肉组织提供营养。所以，猛犸象和剑龙不吃肉也一样能长得那么强壮！说是“食草”动物，其实它们并不单单只啃草而已，有的还会吃树叶、树根、果实、谷物、花蜜等。

6月1日 星期五 成熟的儿童节

近期坊间调查的结果出来啦！猜猜大家都有些什么想干的事情？除了参加一次高年级派对，打一次通宵游戏之外，大多数人居然都想要挖一个巨大的洞，大到可以连接太平洋的洞！

米粒对我们男生的这种想法嗤之以鼻，我猜她想干的，也许是在婚礼上穿芭比娃娃的衣服。

想做点儿奇怪的事情真没什么。云南有一种“大头鱼”，它就特别喜欢“爬树”。

差点儿忘了今天是儿童节。节日是个让大家欢聚的好机会，可不能错过了（其实“科学小超人”好像整天都泡在一块儿呢）。可如果我们继续选择用玩具或者美食来庆祝，实在有点儿幼稚，是时候换一个成熟的庆祝方法了。不如去完成那些想做的事情吧——挖一个大洞来做池塘，就在我家的院子里！

挖洞这件事超级需要大人的帮助，求助是上策！我们喊来了在家休息的米粒爸爸，他在我们的“指挥”下，用绳子围出了一个大家想要的形状。这时候，我家童爸爸也回来了。看到那么多人在院子里忙得不亦乐乎，他也拿起了铁铲加入。两位爸爸一起用铁铲铲走了圈里的草皮，给池塘画出了一个基本范围。哈哈，接下来可以开始自由挥舞铁铲啦！多人一起进行，试着挖出不同的层次。我们在这一步上停留了大半个下午。其实到这儿，我和高兴最想干的事情——挖一个大洞，已经完成了。不过院子里有那么大一个洞有什么用呢？不如就让它变成一个

真正的池塘吧！所以，继续往下挖。

我们找一些旧报纸、旧毛毯，还有沙子，垫在洞底。提供旧报纸，对爱“捡垃圾”的几位成员来说，简直易如反掌。接着，盖上一层塑料防水布。如果有专门的池塘防水衬垫是最好不过的，但是我们就爱用手边的旧东西。在塑料防水布的边沿堆些土，或者石头、木板，把边沿完全盖住。我们打算先不往池塘里注水，看看会发生什么。

刚停下最后一铲子，突然下起雷阵雨。大家伙儿在屋檐下合影留念，用“准池塘”作为背景。现在正是雨水连绵的时候，过不了几天，就可以看到池塘的成长啦！

科学小贴士

那种生活在云南爱爬树的鱼，也正是在这雨季来临的时候出没的。当江水上涨，它们就从水中沿着树干往上爬，然后开始产卵。待江水退去后，不知情的人绝对想不到，这一个个悬挂在树上，像辣椒一样的东西，竟然会是鱼。

6月14日 星期四
“鸭嘴兽”笔友

我没有告诉高兴和米粒自己交了笔友。可不知怎么的，这件事好像走漏了风声，也许是他俩在我家看到了那一摞盖着邮戳的信封。总之，高兴和米粒好像都不痛快。我思考着该怎么

解释“偷偷交新朋友”这件事。

先回信给那位叫作“鸭嘴兽”的新笔友吧！说起来，两百多年前的人如果交笔友，大概不会起“鸭嘴兽”做笔名，因为那时连科学家都不相信鸭嘴兽的存在。它们不仅长得古怪，而且作为一种哺乳动物，居然用下蛋的方式繁殖后代。我的新笔友好像不只对鸭嘴兽感兴趣，在信里，他还总是对鸟兽虫鱼指指点点。比如：“千足虫很虚伪，因为它其实只有百多条腿。”“鲇鱼是一个矛盾体，因为它的英文名‘catfish’叫作‘猫鱼’。”

这次，“鸭嘴兽”笔友先生让我介绍介绍刚落成的池塘中的住客，好吧！

为了观察池塘里的新房客，我得做好准备工作。一个碗和一只水桶，还有一个普通渔网，这几样是必须准备的，如果有浮游生物网那最好不过了。另外可能需要白色的盘子或者大号罐头瓶，别忘了重要的笔记本和铅笔。先装满一碗池塘里的水，

这样，从池塘里捞上来的小生物就有地方安置了。用渔网或浮游生物网在池塘里扫一扫，特别是水草丛中，来回多扫几次，会有很多意外收获。这我绝对有信心！然后，我把网里收集到的生物倒进碗里。慢慢地，我发现水生动物的品种越来越多，仅仅水生的螺类就有两种——青褐色和黄褐色的。如果捞起的生物太多，可以分一些装在浅底盘和罐头瓶子里，这样的容器更利于观察。

不过我们的池塘暂时还没有生物种类太多的烦恼，目前仅仅是些福寿螺、田螺、蜻蜓幼虫水虿与蚊子的幼虫孑孓，上周才放入的水草勉强也算作一位住客吧！还有极小极小的生物在随波逐流。我有一个主意！不如将来放一些鱼苗在里头吧，就

这么定了！

快吃晚饭的时候，高兴和米粒一块儿来关心池塘近况了。这时我才弄明白，其实他俩根本不知道关于笔友的事情。不过现在知道了，正在考虑如何“惩罚”我，惩罚方式可能是写一篇配图的池塘观察报告。

另外，我的笔友“鸭嘴兽”，居然是亲爱的爸爸！别问我是怎么知道的，总之我再也不想回信了。

科学小贴士

有些住在水中的生物并不怎么会游泳，活动基本靠“漂”。它们就是浮游生物。浮游生物生活在海洋、湖泊、河流中，我们的小池塘里也有。它们凭着自己弱到几乎可以忽略的游动能力在水面漂浮着生活，竟然也能过完一辈子。这其中就包括我爱吃的海蜇。

6月19日 星期二 神秘吉祥物

我发现了一个秘密，高兴的铅笔盒里画着一只头顶太阳、金光闪闪的屎壳郎，有点儿滑稽不是吗？它们确实是一种很有意思的昆虫，学名叫作“蜣螂”的屎壳郎夫妇一前一后通力合作滚粪球，将所到之处的粪便清理得干干净净，还将这些排泄物更快地变为可以利用的物质。难道高兴用蜣螂来提醒自己要更加勤奋？

米粒这又是怎么回事，打了石膏吗？怎么小心翼翼端着手掌走进教室。我伸长脖子才看到，原来她手掌心里躺着一个小可爱——七星瓢虫。米粒说，在德国数字“七”寓意吉祥，七星瓢虫是那儿的一种幸运虫。十分钟之前呢，这只幸运虫已经成为她的贴身吉祥物。

我说：“原来七星瓢虫不仅是益虫，还有着幸运的含义。那在其他国家，背上有其他数目‘星星’的瓢虫是不是也幸运？”

“这可说不好！不过不管怎么说，十一星瓢虫和二十八星瓢虫都是害虫，应该被消灭！我们可以做个吸虫器，把它们先捉住。”米粒真是雷厉风行，说着就准备起来。

根据我的观察，米粒是这么做的：先拿一个带盖儿的空果酱瓶，在瓶盖上开俩小孔，直径1厘米左右。这一步米粒可能

请了家长帮忙，在瓶盖上打孔可不轻松呀！然后嘛，她用到了橡胶管，取一根直径将近 1 厘米的长橡胶管，分别剪成 16 厘米和 24 厘米两段。再然后呢，这就非常容易猜了！两根橡胶管需要插到果酱瓶盖的孔里：把短管裹了纱布的一端塞进去，作为吸管；长管则是收集管。最后用胶带把两根管子牢牢地固定在瓶盖上。

而关于吸虫器的使用，米粒是这么操作的：抓住瓶子，用收集管露出瓶口的这端小心翼翼地靠近害虫，同时含住吸管吸气，要用力哦！看到了吗？一只害虫就这么被收集到了。因为

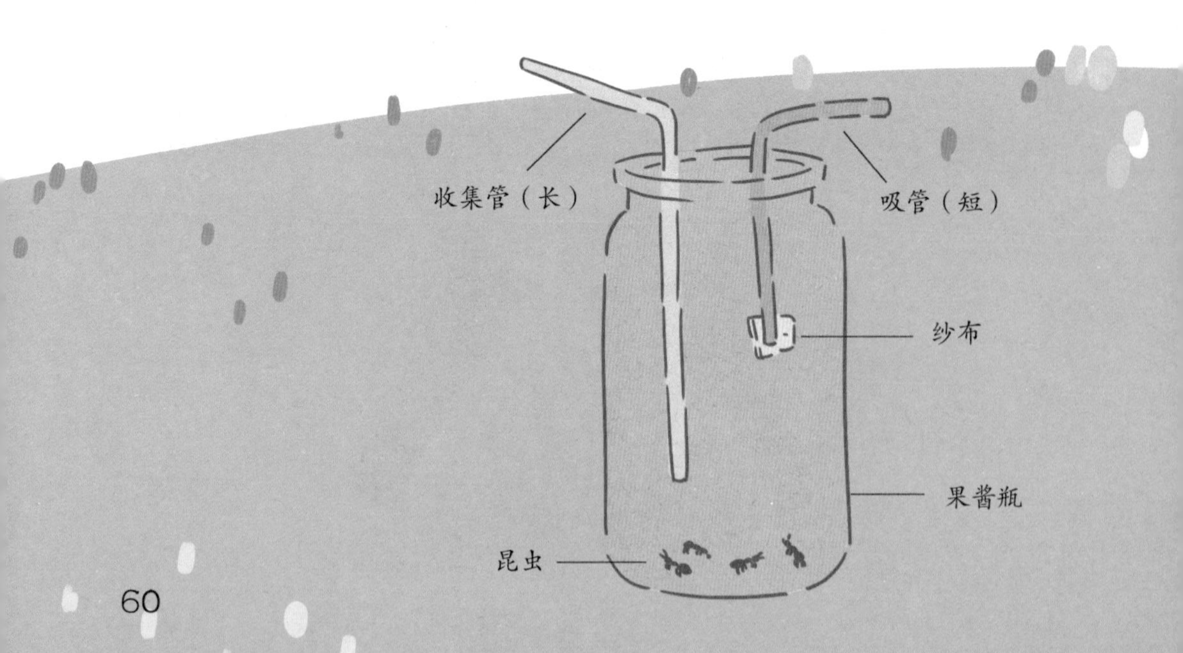

吸管已经裹上纱布，所以不用担心会把虫子吃到嘴里。

当害虫铺满了瓶子底部时，我郑重地提了一个建议：这些虫子可以交请高兴爸爸处理，说不定对他的科学研究还有帮助呢！这个建议得到了米粒的响应。

哐当，高兴来了，还打翻了他自己的铅笔盒："你们看，这是我昨天刚画的屎壳郎，不错吧！"就在昨天，这只屎壳郎成为了高兴的吉祥物。

而我要用翼龙作为自己的吉祥物。它是第一种会飞的脊椎动物，比鸟类还早约 7000 万年飞上蓝天呢，并且成功在地球上生活了约 1.6 亿年之久。这个吉祥物真是又神秘又酷！

科学小贴士

更多蜣螂信息：澳大利亚因为畜牧业的蓬勃发展，一度被过多的难以处理的动物粪便所困扰。屎壳郎兵团临危受命，空降到澳大利亚大草原。在短短的时间里，它们就将粪便埋入地下，处理得干干净净。很快，牧场又恢复了勃勃生机。

6月27日 星期三 向水蜘蛛挑战

我正在浴盆中欢乐地洗澡，高兴突然闯进来：“童童，请马上跟我走一趟，有一个我搞不懂的事情需要你帮忙。”

看到高兴急吼吼的样子，我一边抓起衣服一边问他：“什么事情这么着急？”

高兴把鞋递给我：“快快，你去了就知道了！”

我们马不停蹄地来到了高兴家，只见他把我引到一个小鱼缸前。鱼缸里装满了水，还有水草和一只蜘蛛。高兴说：“这是我爸爸今天和朋友去钓鱼带回来的。不可思议的是这只蜘蛛在水里待了一天，居然还活着，奇了怪了！”

我冲着鱼缸仔细观察着里面的蜘蛛：“噢！我知道了，这不是一般的蜘蛛，而是蜘蛛中的另类——水蜘蛛。水蜘蛛的捕食、繁殖、蜕皮都可以在水下进行。水蜘蛛的做法是，吐出蛛丝同植物营造出一个钟形囊，将从水面获取的空气储存在体毛间的

气泡中，然后回到水下，设法把气泡中的空气注入到钟形囊里，然后它们可以安心在里面过日子啦！我还想过戴着潜水帽和泳镜向水蜘蛛挑战水下生存时间呢！”

“还是你知道得多！”高兴突然把一个绿油油的物体放在我的手上，“作为奖励再给你欣赏一件好东西吧！”

原来是高兴爸爸的一只绿鬣蜥。

看着手上的绿鬣蜥，我有一种对未知的恐惧。我又不愿意让高兴看出来，觉得我是个胆小鬼。我只好硬着头皮用手小心地捧着绿鬣蜥，心里还琢磨：“绿鬣蜥初次到来，会不会像吉娃娃一样撒尿划地盘呀？”

过了 7 分钟——我坚信足有 20 分钟，那只绿鬣蜥自己一跃进了鱼缸，旁若无人地尝试各种泳姿，最后还放了一个屁！我想表示感谢，请绿鬣蜥吃点儿什么，这时高兴拿来家里的白菜和胡萝卜——真没想到，绿鬣蜥居然是吃素的！

科学小贴士

水蜘蛛是同类里唯一的离经叛道者，它凭借着自己的“气泡技能”，悠闲地生活在水世界中。节肢动物里，拥有同样技能的还有豉甲，它的眼睛分为上下两部分，能同时观察水面上和水下的动静。豉甲每次浮出水面时，会在鞘翅下储存一个气泡，用于水下呼吸。

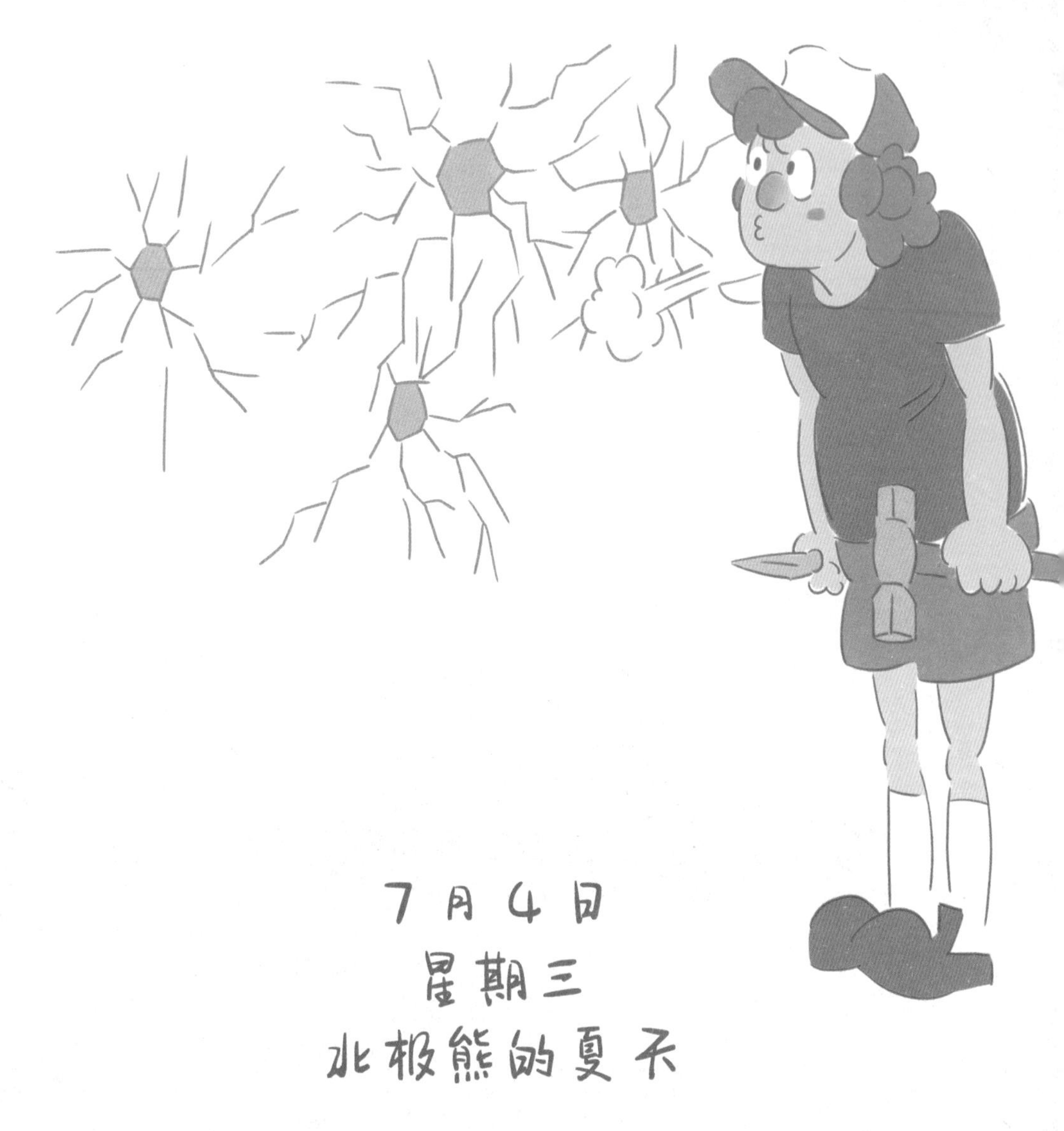

7月4日
星期三
北极熊的夏天

今天原本在高兴的屋子里要有一场灾难发生。

当我到达的时候，高兴正举着锥子和锤子，说他要在墙上凿一千个洞进行内置空气冷却，并声称这是仿生学，因为白蚁们就是在白蚁山上挖出许多细小孔洞作为它们的空调的。

我该怎么阻止他呢？只好说：“白蚁山的墙壁是白蚁用自己的分泌物和碎草、土壤等材料混合而成的，也许同样的方法并不适合你的墙壁吧！”白蚁山的墙壁是这样做成的没错，但到底为什么高兴不能凿一千个洞当作空调，我也解释不清。如果按个头比例算，凿出一千个鸵鸟蛋大小的洞兴许能管用些。

这个 7 月一丝风都没有，“科学小超人”的“怪人们”又都不爱开空调，停下凿洞和斗嘴以后，我俩更热了。高兴身体水分的流失和他脑中的奇思妙想起了化学反应，他冒出一个新主意，叫作“体验北极熊的夏天”。我流汗的节奏和高兴不在一个频率：搞不明白了，北极熊的夏天对我们来说应该也是冬天才对吧？

高兴说：“那是相对而言的体验啦！”因为全球气候持续变暖，北极的夏天正变得更加温暖和漫长，对北极熊来说也是无比难熬的。它们不仅没有冷气，就连身上那身“毛外套”也没法儿脱掉。在夏天的冰雪消融期内北极熊们无法继续捕猎，即使是这些最顶级的猎食者也不得不忍受着饥饿，不谙世事的小熊被肆虐的蚊虫扰得坐卧不安。

这听起来确实很不好受，我和高兴要同北极熊一起承受全球变暖的后果！米粒不知什么时候突然出现了，本以为可以增加一位战友，她却一下扔来两件毛绒外套，说：“要不，你俩先穿上这个试试，然后再接着谈，这才算真正地体验北极熊的夏天呢！”

科学小贴士

北极熊的夏天变得越发漫长，太长时间吃不到动物油脂，让它们变得消瘦、焦躁，甚至像灰熊一样吃起树林间的莓果。而这些果子其实对北极熊的维生没有什么用处。有人称这是一种“绝望对策”。不过，这至少比试图在峭壁边捕捉海鸟要好一些。

7月17日 星期二
给小动物们腾块地儿

如果我不说，绝对没人能想到，米粒的房间居然也可以变身成那样。好像有只喜鹊一夜之间把周围的垃圾全都摆到了这间房里，喜鹊可是收藏垃圾的“行家”。环顾四周，似乎就差没在门口堆动物粪便了。还有，天花板上居然粘着块吐司。

原来这灾难片似的场景，叫作“被破坏的栖息地”。米粒

正在试图还原野生动物的生存环境（简称“生境”）被破坏的样子，看起来她做得非常成功。地球上所有动植物都会遇到各种不同的威胁，其中有一种，具有非常可怕的摧毁力——生境的破坏。上回是我和高兴努力体验了北极熊的夏天，这次换米粒感受动物家园被破坏的情绪了。

这种情绪一定很糟糕，我想我还是提前退场吧，去高兴那儿呼吸新鲜空气，把这块被精心破坏的栖息地留给米粒。

高兴正在给不太受欢迎的鼻涕虫和蜗牛安家，他招呼我赶紧去帮忙。当时我正巧赶上第一步：在透明小水箱的底部铺一层沙砾，再往上盖一层土。为了“牛涕之家”（蜗牛鼻涕虫的缩写），高兴已经提前收集好了小块苔藓和青草，就等底部完成，好把它们种在土壤里。而另外收集的那些石块、树皮和干树叶

呢，就摆在周围吧！在摆石块和树皮的过程中，我俩都好好发挥了一次各自的艺术家潜质，嘿嘿！以上完成后，用洒水壶向水箱里洒水，直到土壤变得湿润，再轻轻放上几只蜗牛和鼻涕虫，用纱布盖住箱口，不然它们可会溜走。收尾的工作是，用线绳扎好箱口；盖上盖子也行，但要保证箱口留有较多的气孔。

人类占用了地球上许多生存空间，我猜高兴是想给其他动物们腾腾地方。鼻涕虫和蜗牛总是被人从花园中赶出来，正在“垃圾堆”中的米粒，她是想给蟑螂和臭虫多创造些适合它们生活的空间吗？

科学小贴士

人们在考虑保护栖息地和保护野生动物的时候，总是会将关注焦点放在一些大型猫科或鹰隼之类的动物上。它们的外表确实很引人注意。但是，为了保护自然环境，生态圈内的每一位成员都是需要被关注的，多低头看一下“小”动物吧！

7月26日 星期四
一起戴上育儿袋吧

走在放学的路上，我专心听着有多少蝉声，险些要撞上一位准妈妈。这位“妈妈”长着和米粒一样的脸。哎，不，这就是米粒！

过后说起这件事，米粒形容我当时的表情像一个呆住的牛蛙。总之当时我就这么呆住了。直到米粒指着她的“肚子”说，这是一个树袋熊的育儿袋，现在这个袋子里有个出生不久体重5.5克的“小树袋熊”。哈哈，我想我懂了！

真好玩儿！不过这只“小树袋熊”明天就会提早离开“妈妈”的保护。显然米粒没法带着这团“棉花肚子”太久，而小树袋熊可是会在育儿袋里住到半岁多的。

说话间，米粒塞给我个包裹：“这是你的雌狼蛛卵袋，快去换上！”哈哈，果然是集体活动，我默契地接过包裹。可是米粒怎么不给我准备个海马爸爸的育儿袋囊？反串雌狼蛛，太让人忐忑了。

我到家后偷偷摸摸地溜进洗手间换“戏服”。雌狼蛛卵袋是固定在腹部的

纺器上的，所以我先得把肚子“喂”胖些。还有一点很重要，这卵袋可是用蛛丝精心做成的，外裹厚丝缎内铺软丝被。米粒显然考虑到了这点，给了我一个小小的蚕丝抱枕代替，简直太贴切了！现在就把它绑在“纺器”外头吧。摸摸袋子里还有什么好东西，这毛刺刺的，竟然是棉花做的四对张牙舞爪的步足！简直绝了！我们知道，雌狼蛛为了防止卵袋发生意外，是用步足时刻保护着的。

我义不容辞地背上了这蜘蛛脚。低头看看自己，差点儿认不出了。

既是不敢也是不好意思照镜子，我又偷偷摸摸地出门了，能感觉到背后琥珀奇怪的目光。

到了“科学小超人”固定

的会师地点，只见有个人摇晃着由远及近。当然是高兴啦！没想到的是，他竟然捆了两个沙包在脚背上，哈哈，宛如一只正在带宝宝的帝企鹅爸爸！

科学小贴士

帝企鹅中，爸爸也要负责照顾企鹅宝宝的。它的脚简直和摇篮一样，既舒适又安稳。企鹅宝宝要先在爸爸的大脚上孵化，出生后还要躲在那里生活。爸爸的肚皮像被子一样盖在企鹅宝宝身上，可暖和了。如果企鹅宝宝一不小心掉下来那可糟了，很快就会冻死。

8月7日 星期二

小饭的“星光大道”

太多的动物要千方百计隐藏自己，以免受到天敌的伤害。我写这句话的时候，太平洋水底的比目鱼，正用长在同一边的两只眼睛警惕地盯着上方，随时准备着变色。

只有米粒家的小饭，恨不得让全世界的人都知道它今天去了哪里，干了些什么。瑜伽垫、马桶圈、灶台边，都有它的梅花爪印。看那一圈圈的爪印，小饭应该花了很多时间在瑜伽垫上踱步思考“猫生”。

对于这样的状况，米粒倒是看得很淡然，甚至打算给小饭

辟一条“星光大道”，在上头摁爪印留念。我猜琥珀也会感兴趣，毕竟在“星光大道”上留下爪印不是每只猫狗都能有的机会，于是我代表琥珀报名参加了，活动选在我家的院子里进行。

先让小饭和琥珀在院子里湿润的土地上玩耍，踩出些爪印来，从中选择几个比较清晰的。用一张折好的卡纸把有爪印的那块土给围起来。用曲别针把卡纸别好，轻轻向下压，插入泥土中。接下来这步，可以让家长帮忙——制作熟石膏。这其实不太难，先在小桶中放入少量的水，加入石膏粉，慢慢地搅拌均匀就可以啦！把石膏糊倒入用卡纸围出的那块泥地里，就可以暂时离开一会儿喽。在等待石膏定型的时候，去看看院子里植物的近况吧！

不用太久，石膏就定型了，用小铲子把爪印模挖出来，扫一扫上头沾到的土和沙子。细心的米粒用了一把旧牙刷来清理缝隙。

很简单不是吗？可是因为小饭的热情陪伴增加了一倍的工作量，它在每个步骤前都给我们添了一个项目——把猫移开。最后，小饭的主人不得不用下午茶把它支走。我呢，就在稍晚些安排琥珀和它一块儿游戏，消耗这下午茶的多余热量吧！

科学小贴士

比目鱼刚出生时也和一般鱼类一样，拥有左右对称的身体，当然它的眼睛也是左右对称在身体两侧的。但是当小比目鱼慢慢长大，一切就变了。因为比目鱼是沉在水底侧卧生活的，慢慢地随着时间的推移，它的身体也发生了变化。它的一只眼睛一点点地移动到另一只眼睛的旁边，都在身体的一侧了。

8月11日 星期六 熟悉的动物园

海龟喜欢大风大浪，乌龟更愿意过平静的生活。我呢，既喜欢在家里头玩儿，又爱上动物园遛遛弯。美好的假期，就是“科学小超人”组队去动物园！

熊猫宝宝是我们去动物园的固定观察对象。今天人好多。两只熊猫的四只眼睛需要面对玻璃墙外的一百来只眼睛。也许是因为偏爱素食，处在“聚光灯”下它们也很平和安静，慢悠悠地吃着手里的鲜竹子，真够大牌的。

接着，我们直奔长颈鹿的地盘。啊哈，它们都在！花花、斑斑、雯雯，是我们给它们取的名字。嘻嘻，旁边那些游客都觉得长颈鹿长得一个样，我们却知道它们都有独特的斑纹，认得可准了。另外，温和与胆小也是长颈鹿共同的“名字”。

对了，我们在这里还有过一番“壮举”呢！一年前，我们“科

学小超人”头一次来这里，当时这座动物园有定期开放的海豚表演。大家正在看海豚表演的海报呢，向来充满先锋意识的米粒却突然提出了异议。米粒说：“动物表演是一种不人道的演出。比如，动物园参与表演的海豚大多数是从海洋捕捉而来的，这种捕获不仅会造成海豚的意外伤亡，还会给存活下来的海豚带来痛苦。另外，让它们在封闭的水池中进行表演，是违反动物天性的。海豚们承受着我们难以想象的压力，容易出现身心健康问题。”

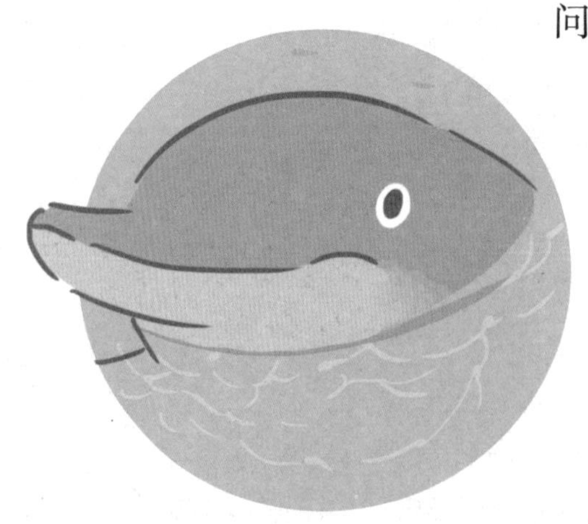

我和高兴都被米粒这番话惊到了，我们一起去动物园管理处抗议。没想到，他们也正准备取消动物表演。一个月后，我们就在动物园的网站上看到了相关的通知！

不过呢，我们相约长大后

要乘着游轮，在海上看海豚自发的“表演”。据说，海豚特别喜欢和海龟玩儿呢！成群的海豚游到海龟的身子底下，用又尖又硬的吻部一顶，嘿，一下把海龟顶出海面。接着调皮的海豚又一起跃出水面，嘭，把海龟压得沉下去。海豚的心情想必是愉悦的，只是不知道被捉弄的海龟会是什么样的心情呀！

科学小贴士

大熊猫被称为国宝，是因为它们真的是动物界的活化石。经过了200多万年，其他物种大都演化得面目全非了，而它们几乎一点儿都没变，还是一如既往地脑容量小，消化器简单，骨骼笨重，还是远古时候的样子。不过它们的名字却发生不小的变化，在古代有“食铁兽”“竹熊”“银狗”等称呼，“熊猫”“猫熊”则是清代末期才出现的名字。

8月16日 星期四
追踪蜗牛吧

高兴的爸爸是野生动物学家，我们从不放过每一个遇到他的机会，不问到底绝不罢休。这次打听到的是，高兴爸爸曾经追踪过鲨鱼！当时他们正在研究鲨鱼究竟隔多久往返一次相距40千米的两个猎食区。科学家们首先给某条鲨鱼安上监控器，接着在相应的水域放接收器。待鲨鱼“路过”时，它身上发出的信号就会被接收到，研究的谜底也就随之揭开啦！那次的追踪行动中，高兴爸爸还扮演了蛙人，潜到水下取回有鲨鱼信号的接收器呢！

这已经非常酷了，可据说，这还不是最酷的。高兴爸爸有一位同事，曾经跟着格巴亚人去捕捉蟒蛇，亲眼看着格巴亚人手拿火把，在洞中与蟒蛇近距离搏斗！那些非洲的冒险民族既要对抗蟒蛇，也要提防小虫的攻击，还得留心随时可能靠近的其他野兽。光是想一下这个场景，我的肾上腺素就爆表啦！

听完故事后，“科学小超人”全体都按捺不住，跃跃欲试

地想做些什么。于是昨天，高兴给我们安排了一项适合小学生的活动：发起对蜗牛的追踪！

当时我们来到花园，准备开始寻找蜗牛。和捕捉蟒蛇比起来，这件事是不是太平淡了？没关系，可以想象这片花园里其实充满着危险。我们试着寻找这些背着“房子”到处走的小东西，最后发现，它们成堆地聚集在石头和砖头下。挑选 10 只吧，哦不，闭着眼睛随机点出 10 只吧。然后，用米粒的儿童指甲油，在蜗牛壳上涂点儿颜色。小心些，把涂了指甲油的蜗牛收集起来，再把它们放到别处——一个倒扣的花盆附近就很合适。记得在花盆边沿用石块垫着，做成简易出入口，这样蜗牛们就可以优哉游哉地随意进出啦！

今天清晨，我一个人去花园偷偷查看实验结果，没想到高兴和米粒比我先到，他俩也迫不及待想偷看呢！哈，现在我们的追踪报告上已经写着，蜗牛又回到了花盆的下面休息去啦！

科学小贴士

动物们平时会小心不留下生活的痕迹，这是为了保护自己不被追踪。我原以为，穿山甲算得上动物中的清洁委员，因为有些种类的穿山甲总是在便便之后马上扒土盖住。现在才知道，这也是为了防止被追踪呀！不然穿山甲粪便的气味被猛兽闻到后，暴露了自己的信息，那样会有生命危险。

8月21日 星期二
获得蚯蚓粪便

昨天夜里我被几只怪兽一样大的蚯蚓追赶！正当它们的巨型牙齿要光临我的脑袋时，闹钟响了。我从没想过早晨的闹铃声竟可以如此温暖。

不过米粒一语中的地指出了我这个梦的不科学性：蚯蚓是没有牙齿的，它们有着强大的口腔，不需要牙齿的咀嚼，而是

通过咽周肌来吸入食物，靠消化液消化。

我觉得自己被蚯蚓怪攻击的概率约等于被陨石砸中，倒是越来越多的城市垃圾，让我担心自己长大后会不会像《机器人瓦力》里的人类那样移民外星球。但那也得先发现宜居的外星球才行啊！

所以，我准备开始饲养蚯蚓——那些体形在正常范围内的，这对解决城市生活垃圾非常有帮助。我打算先用它来减少家中的生活垃圾。

说到做到，先建个小窝给蚯蚓们！我先找出一个带盖子的小桶——随便什么桶都可以，重点是带盖子的，我可不想早晨起床时在拖鞋里踩到两条蚯蚓；接着在距离桶底 2.5 厘米的地方

钻上两排小孔，用来排出饲养桶中多余的水分；然后在盖子上钻一排排气孔，虽然蚯蚓大多时候生活在地下，但它们还是需要新鲜空气的。米粒告诉我，桶底得铺上大约1厘米厚的沙砾，沙砾上还要再铺一层湿报纸，这是防止蚯蚓制造出来的堆肥掉落在沙砾上。现在可以放入土壤和几条红蚯蚓了，我可用不着戴手套，会攻击人类的蚯蚓暂时只会出现

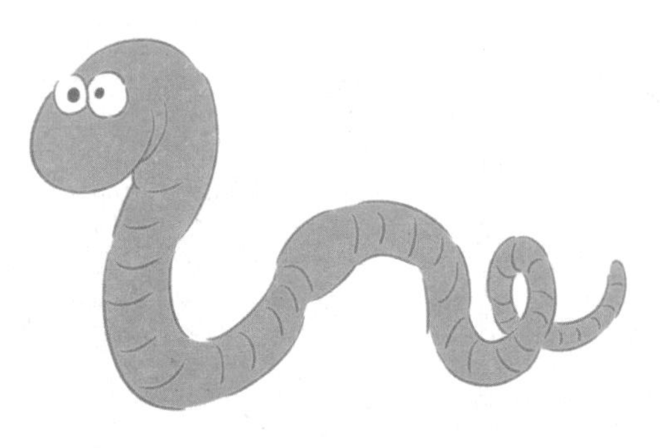

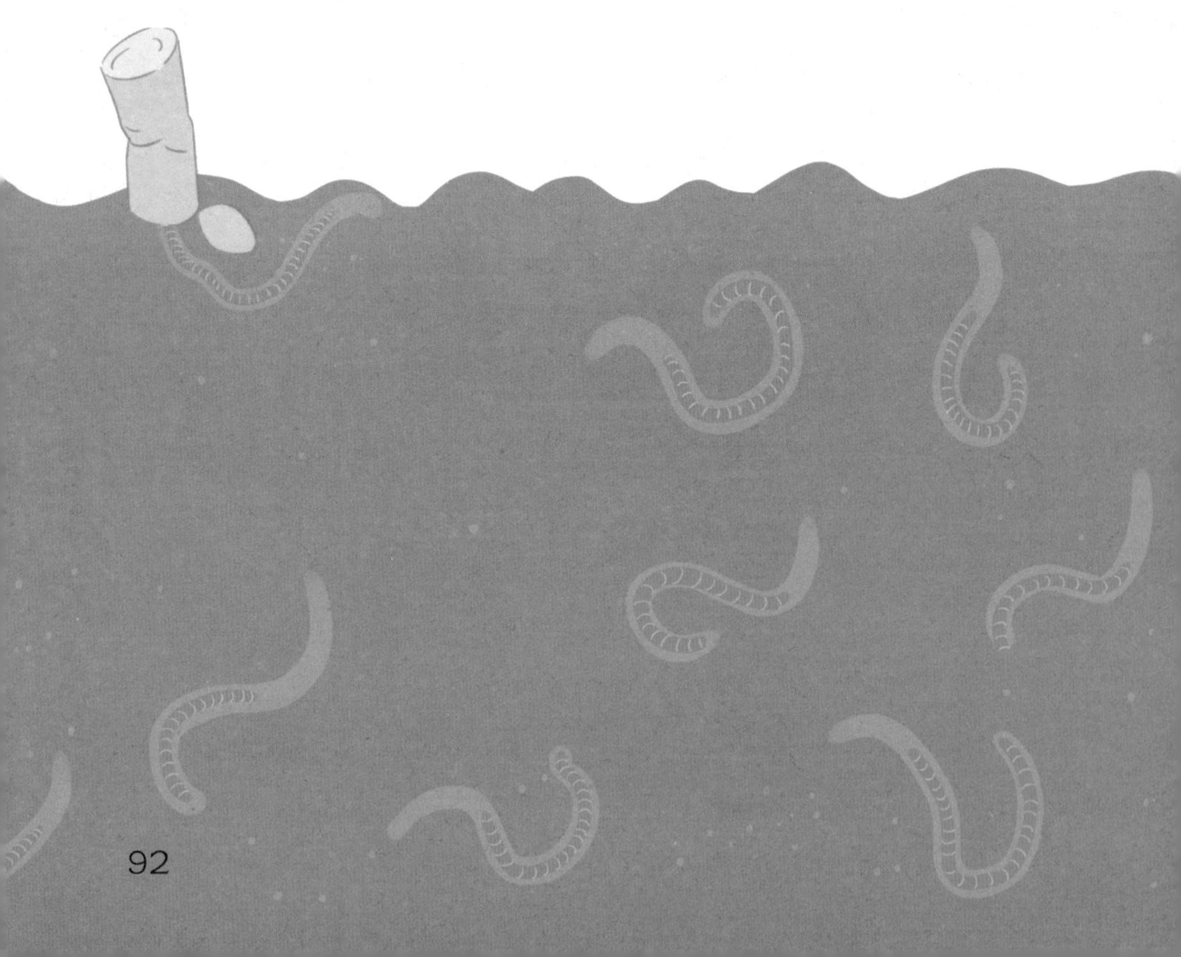

在梦里。对了，没有食物怎么行？接着我还需要薄薄地铺一层蔬菜茎叶，再盖上桶盖。蚯蚓们就可以在这个新家中“安居乐业”啦！记得给蚯蚓食物时要保证食物的新鲜，在蚯蚓们吃完了之后再放入新的，每次一点点。

除了消灭厨余垃圾，饲养蚯蚓的另一个收获就是能够获得大量新鲜的蚯蚓粪便。现在，我又多了一件可以改良土壤的法宝！等那些蚯蚓家族壮大了，我打算分给高兴和米粒一些，不知道他俩会如何看待这份礼物。当然我也会分一些给妈妈的地栽花卉们，蚯蚓大军会给它们的根部松土。

科学小贴士

蚯蚓处理垃圾的能力不容小觑！在人类来到地球之前，蚯蚓已经在地球上默默耕耘上亿年了。曾有国家做过实验，运送了7.5吨的垃圾到蚯蚓养殖场，结果100万条小小的蚯蚓竟然在一个月之内就将它们全部消化处理为有益的肥料！还有一回，人们干脆运去了整整10吨未经捣碎的垃圾，结果78天之后，蚯蚓大军又把它们通通吃完啦！

9月7日 星期五 不幸的一天有个漂亮的结尾

新的9月，我参加了学校的网球队，脏衣服正以过去两倍的速度积累。这周，爸爸妈妈一起去西班牙享受“足球之旅”，我换下的脏衣服就快要在洗手间里唱狂想曲了。

你知道，有一种世界排名前十丑的动物，叫疣猪。它最喜欢在泥地里翻来覆去打滚，让自己变得更脏。那些黏在皮肤上的泥糊糊能帮助它躲开蚊虫的叮咬。如果我和它有同样爱好的话，也许现在就不会被脏衣服困扰了。但今天我非

常困扰，因为真的只能在脏衣服里找衣服穿了。

不幸在发生前，是不会给通知的。早晨出操时，从我的裤管里掉出两只脏袜子——洗衣篮里的衣服拧成一堆，那两只袜子偏偏藏在这条裤子里。据排在我身后的人说，当时我踏着正步，两只袜子先后从裤管里逃出来，像极了一头边走边下蛋的腕龙。

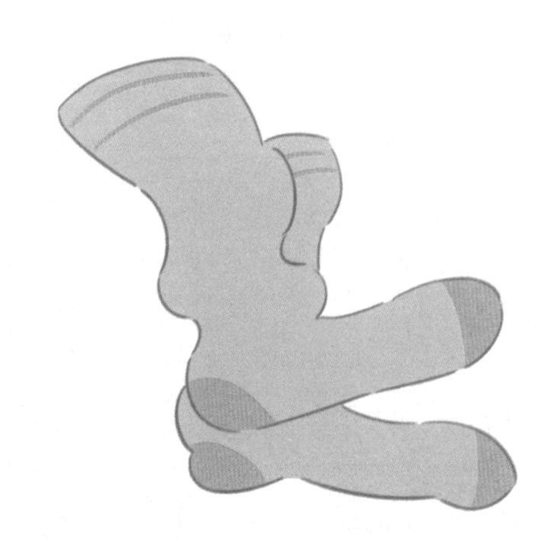

当时的场景就别细说了。总之操场上那两只风味十足的袜子，按常理应该被大钳子夹走隔离起来，

结果现在它们正在我的口袋里。

为了让衣服脏得慢一点儿，我中午选择吃素，据说这么做能减轻些体味，还能保持脾气温和，因为偏爱素食的大熊猫就以脾气温和著称。其实我真不喜欢吃蔬菜，今天的午饭，只有海牛才会喜欢吧——那是以海草为食的动物。

不幸的事情总是接二连三地发生。这顿只有海牛才会喜欢的午饭，让我下午第二堂课开始 10 分钟的时候就饿了。肚子里咕噜声越来越大，就快要被别人听到了。我决定用跺脚的声音掩盖它，哪知没有掌握好时间。我刚跺完脚，就在大家回头看

我的时候，肚子震天响地叫了。明天，同学们就有两件事可以嘲笑我了。

不过肚子饿的时候，我考虑不了别的，当时的我就是一个能为了食物奋不顾身的棱皮龟——它可以为了吃到水母游上数千米，而我呢，那节课下课铃响起后，我抵达小卖部食品柜台的时间是26秒。

真没想到，一天快结束的时候，居然有了转机！网球队教练通知我参加下个月的全市比赛——虽然是替补队员，但这是我第一次以运动员的身份周游全市。哈哈！教练暗示我，以我彪悍的球风，我加入以后，大家会练得更卖力。哈哈，我把它称为“鲇鱼效应”。

科学小贴士

鲇鱼身上光秃秃的，没有长鳞，浑身都是黏液，肉食性，性情凶猛。渔民在捕鱼回家的时候，总会在鱼舱里放上一两条鲇鱼。这样，舱中其他小鱼，看到这种危险的生物，都会时刻警惕，四处躲避，不停游动。这样，舱里的鱼就不会因为缺氧而窒息了，大多数活蹦乱跳地回到渔港，这就是著名的“鲇鱼效应”。

9月10日 星期一
柴溪流生态圈

要居住在高山溪流中，体形得又扁又平，否则就会被水流撕个粉碎，典型居民——涡虫和溪泥甲，就是这样的身材；想成为一名伟大的运动员，必须时刻做好准备，毫不懈怠，比如我——童晓童。

还记得我已正式成为候补网球队员了吗？昨天我头一次去了市级比赛中，并且竟然获得了上场机会！只是，我连续三次发球失误，第四次竟然连拍都脱手了。

于是，和一切学校里的新闻一样，今天所有人都知道了这件事。作为这条校园新闻的主角，我倒是一点儿也不在意，而米粒和高兴也跟其他人的看法不同。我觉得这件事给了我新的启发，这么说吧：在溪水、河流区域的生物们，虽然看起来生活在一起，实际上它们是各自生活在不同空间里的。

真的是这样哦，不信我们来看看这些不同的空间。在河流生活的各种生物中，以动物为例，两栖动物最爱做的事情，是在岸边停留；河水的水面呢，是水黾的天下；到了河水中就热闹啦，这里生活着大多数的水生动物，比如各种鱼类和水蚤；水底也并不安静，住着大量的动物，比如淡水贝类和石蛾幼虫。这就是整个溪流动物生态圈，大致由四个空间组成。以上是大家都知道的事情，不稀奇，惊喜在这儿：我觉得学校和溪流生态圈类似，保不齐还有七八个空间呢。比如男生和女生，喜欢足球和喜欢篮球的等等，大家和谐又有碰撞地生活在一起。

有一种说法是，当你发现了什么，先别急着告诉所有人，自己得再琢磨琢磨。我可耐不住性子，马上把我关于“溪流生态圈和校园生态圈的比较与发现”告诉了米粒和高兴。之后我得到了一张支持票。当然，米粒不置可否了，女孩子想得比我们周到和细腻，有

时候和她比起来，我跟高兴会显得很逊。

放学后网球队训练，教练对于周末的比赛情况没有怎么评价，只是给我多布置了300下挥拍练习。训练完回到家时，我已经筋疲力尽，关于之后的比赛该如何应对，教练到底喜不喜欢我，还是放在下周再思考吧！

科学小贴士

溪流生态圈中有一个万万不能缺少的角色，就是植物。没有植物的话，动物也没法在这个小圈子里舒适地生存。溪流的岸边和水中都长着植物，它们一边自我代谢一边给动物们提供氧气和食物。食草动物们当然最爱植物，食肉动物们也会寻找植物哦，只不过，食肉动物真正的目标其实是那些来寻找植物的食草动物们，以及躲藏在植物上的小昆虫和软体动物。

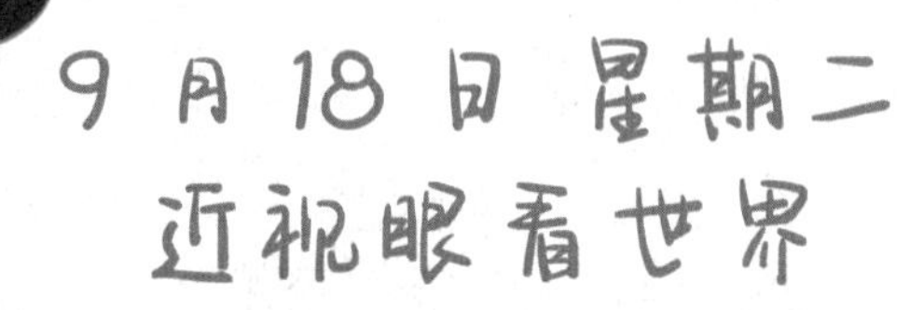

今天检查视力，班级里的同学们在那儿互相比较。我很淡定，就算与视力最好的鱼相比，我也算是一个千里眼——鱼类眼睛中的晶体状是圆球形的，大多数鱼种只能看个10米至20米。

等待间隙，米粒对着镜子使劲儿瞪眼，琢磨着如何才能让眼睛长得更大，好在夜晚看得更清楚些，因为眼镜猴就是这样的——按照眼睛和身体比例来算的话，它们拥有灵长类动物中最大的眼睛，所以夜间视力才会那么棒。我没有告诉米粒，其实人类的眼球6岁至8岁后

就不怎么生长了。

检查结果显示，我的视力变差了一些，估摸是因为晚上躲在被子里看书。看来，我除了对环境与动物担忧外，又有一件事需要担心了，就是视力，可不能再向着鱼类看齐。昆虫们也要加油哦，你们的视力差得离谱，却还一点儿都不担心，常常前赴后继地掉进一些陷阱中，这难道很好玩儿吗？高兴猜：“也许，它们只看得清近距离的物体啊！”真的是这样吗？不妨来验证一下！

我们要做一个非常简单的实验，只需准备一个喝完饮料的

易拉罐，这真是随处可得的。我们拿着易拉罐去了小花坛，挖了个和易拉罐体积一样的洞——差不多的深度和口径，然后把易拉罐放进洞里。对了，一开始除了准备易拉罐，我们还需要一个小铲子。

接着就是我们将易拉罐伪装起来，假装和周围环境一样。罐口和地面已经在一个水平面上，只需用泥土把接口处填平，像砌墙时抹石灰浆那样。再堆几块石头在罐口周围，在那些石头上放上扁扁的木片，我用了几支吃剩的冰激凌木棒来代替！这个“木制屋顶”是为了防止有意外的空中来客，因为我们的实验是针对爬行昆虫的嘛！起身去玩儿吧，过个半天再来查看。

哇，大半天之后真的有不少叩头虫、瓢虫等昆虫落进小罐里。写完实验报告后，我们又把它们放归自然了！

科学小贴士

近视眼这样的小问题又怎能难倒“生存大师”昆虫们？别忘了它们的生存历史可比人类悠久！昆虫们另有认识世界的“神器”——触角。小小触角能分辨细微的气味和味道，有的时候还能发挥听觉的作用呢。近视的昆虫们就是通过触角来“观察”世界的。

9月25日 星期二
还能这样吃饭

高兴吃零食的技巧又上了一个台阶，他可以用嘴接住空中任意抛物线的葡萄干，就像一只蚁狮。米粒警告他，这样有呛到气管的危险，可高兴满不在乎，接着跑到隔壁班表演去了。

面对这样顽固又爱出风头的“蚁狮”，米粒不甘示弱，据说她最近在偷偷练习不用手帮忙，只用嘴就吃出一个完整空虾壳的吃虾技能，这周她个人的吃虾量赶上了一群银龙鱼——这

是一种在亚洲很受欢迎的观赏鱼。我暗暗替他俩担忧，希望吃太多葡萄干和太多虾别有副作用才好。

中午吃饭的时候，食堂里贴出了新海报，是关于节约粮食的。听说这个月从餐桌上被倒掉的粮食量又增长了 10%。同学们总是在饥饿时高估了自己的饭量，结果最后吃不完只能扔了。我觉得这很可能是一种习惯性的浪费，或许和取得粮食太容易有关。如果像大象那样，为了填饱肚子，需要从一个地方走很多的路到达另一个地方才能找到足够多的食物，大家可能会更加珍惜粮食。体积庞大的大象每天至少需要 150 千克食物，要是碰上爱吃的新鲜树叶子，它们有时干脆会将那棵树推倒，吃个痛快。

就在我还停留在吃饭序曲——闻食物香味的时候，有一碟菜居然已经被苍蝇占领了！高兴在一边绘声绘色地描述它们吃饭的过程：这些家蝇一旦确定目标食物，就对着它吐唾沫——这些唾沫能让食物溶解成糊状，接着家蝇用自己的长吻去吸那些糊糊，并且一边吃

一边排泄！我不怀疑高兴说法的真实性，只是要扔掉一碟还没动过筷子的菜，实在有些下不去手，太浪费了。但继续食用也不是正确做法，苍蝇的生活习性导致它们会污染停留过的食物，人吃了被污染的食物可能会得痢疾或是细菌性食物中毒！正确的做法是，下一次牢牢看住面前的菜，不要被苍蝇抢先了。

原本我以为高兴和米粒的“花样进食比赛”至少还会再持续一周，没想到当天下午他俩同时放弃了。高兴真吃腻了葡萄干；米粒呢，她说她最近一个月都不想在餐桌上看到虾了。

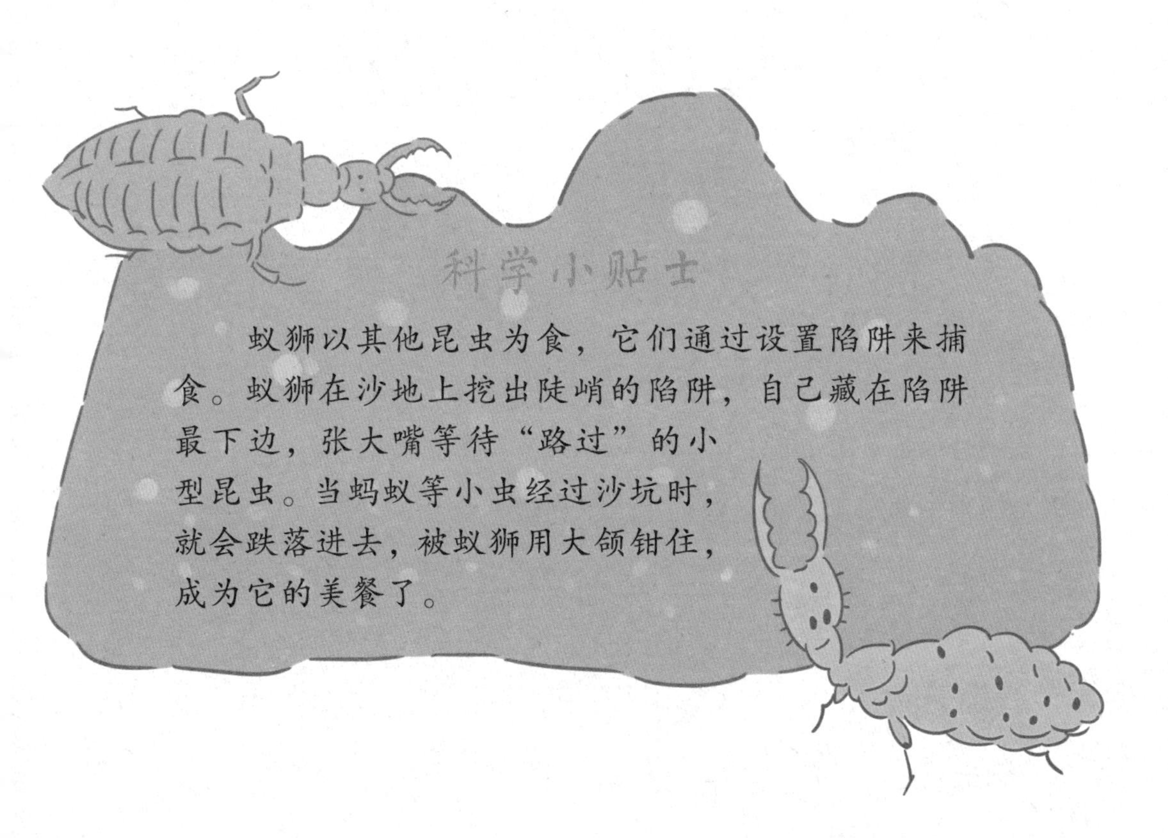

科学小贴士

蚁狮以其他昆虫为食，它们通过设置陷阱来捕食。蚁狮在沙地上挖出陡峭的陷阱，自己藏在陷阱最下边，张大嘴等待“路过”的小型昆虫。当蚂蚁等小虫经过沙坑时，就会跌落进去，被蚁狮用大颌钳住，成为它的美餐了。

10月8日 星期一
“没用的”仿生学

许多人讨厌星期一，我倒觉得这是一周里比较不错的日子，仅次于周六，因为又可以开始制订许多新计划。

这周我的新计划是，每天更早一点儿到学校，在开始上课之前和高兴说会儿话。

光是听起来就足够开心的了。

计划执行的第一天，竟然宣告失败。绝不是因为我晚到，而是因为当时高兴嘴里塞满了各种零食，没法儿讲话！他鼓起腮帮子的样子就像个仓鼠。高兴在纸上写：“我正在做仿生学实验，模仿仓鼠用颊囊运送食物的情况。”结果可想而知，高兴从腮帮里挤出的食物上沾满了他的口水。咦，太恶心了！仓鼠的颊囊可是很干燥的，它们一次性可以往里面塞进约自己体重一半的食物，到达目的地后再把所有食物释放出来，只要用小爪子轻轻按面部就好了，保证不多不少。

高兴还在忙着消化嘴里的剩余食物，一场小测验来了。看着老师手中的试卷，我首先想到的却是：如何在一场突如其来的测验中幸存下来？借用一支削尖的铅笔做飞镖，还是拿蚕茧

做坚固的头盔，或者是躲进有海豚体形特征的潜艇？

我在书上看到过有一个来自蚕茧的科技灵感。科学家发现蚕茧拥有十分奇特的结构，轻巧但很坚韧。也许可以模仿这种结构制造保护性头盔，说不定，之后我们就可以用它来抵御小测验的偷袭啦！

还有一个已经应用的仿生学设计，灵感来自于海豚的体形和它的皮肤结构。海豚在游泳时身体表面不会产生严重的紊流，大大减小了阻力。这个特点被用在潜艇的设计原理中。潜艇对我来说有什么用？我可以潜入水底，躲过一切让人心跳加速的小测验！

用苍蝇的眼睛来应对考试肯定不是个好主意。苍蝇的眼睛是一种复眼，由4000只小眼组成。

然后人们又有灵感了，模仿它制成一种仿生复眼相机，实现照片视角和景深的极大化。要我说，这个点子确实很赞，拿“复眼相机”记录自然，再合适不过了！

我一胡思乱想起来，就能在一秒钟内从马里亚纳海沟跨到珠穆朗玛峰峰顶。打住！打住！我还是用削尖的铅笔来战胜考试吧！它能帮助我写出清晰的思路，那些钝头钝脑的铅笔只能让我写出糟糕的句子。今天考试结果还没有出来，不过它其实没那么重要，对吧？

科学小贴士

关于仿生学，一开始我也一知半解。模仿乌龟冬眠，还是学着兔子只用门牙咬食物？后来爸爸告诉我，这是人们通过研究生物们的特殊本领来开发新技术和新机械的科学。不管怎样，总之一定不是像高兴的早晨实验那样就对啦！

10月17日 星期三
把地鳖虫写进作文

今天星期三，它在五个工作日的中间。也就是说，过完今天，我离周末更近了。所以，今天就算要我跑马拉松，我都会很开心，更别提只是写一篇描写动物的作文了。

很多人以为写作文很容易，好像我们的脑子有个按钮，一按按钮脑袋就能吐出密密麻麻的字写满作文纸。我觉得就算这是真的，吐出的也绝不是好作文。我得用力思考一个特别的选题。

我打听到大家要写小猫、小兔、小乌龟等，写小狗的人最多，其中就包括高兴，我怎么也得写个与众不同的题目！地鳖虫，就是它啦！想到这里，我脑中的小灯泡亮了一下，先做个实验吧，它会让我的作文更丰满。

首先得找到这些小虫子。我知道砖块、石头

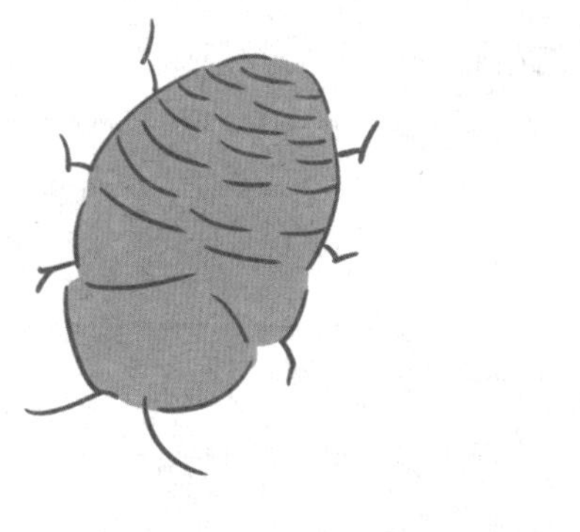

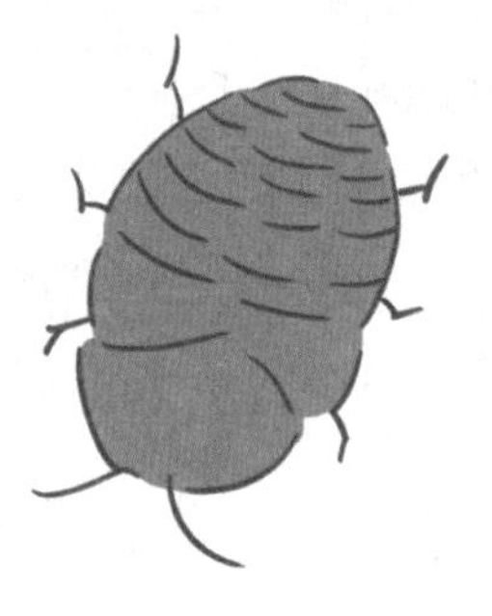

下会有它们的踪迹。果然，在学校后山某块大石头底下，我轻轻松松地就找到了十多只地鳖虫。我捉了一些，把它们放进饭盒里——在学校，我能找到的带盖容器仅限于此了。呀，饭盒还没“布置”，稍等一下！我拿出两张纸巾，各自对折后分别平铺在盒底左右两边，相互不接触，稍稍用手洒上些水，将铺在左边的纸巾打湿，这样就“布置”妥当啦！放一些地鳖虫在饭盒中央，盖上盖子。半小时之后，再打开盒子，你猜它们都到哪儿去了呢？

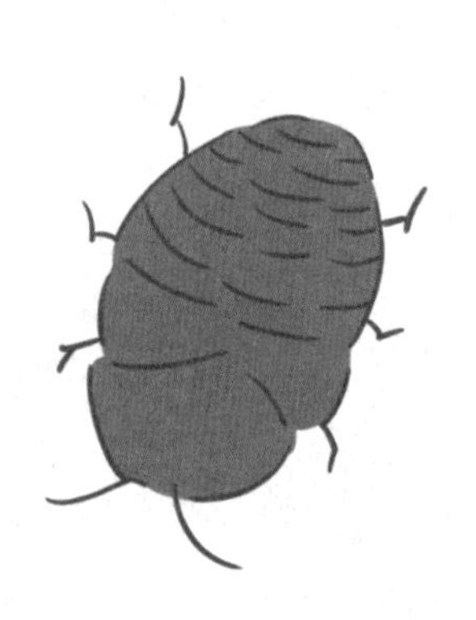

地鳖虫全部在被打湿的那张纸巾上头。哈哈，这下，我长久以来的一个猜测被证实了：地鳖虫喜欢潮湿的环境。每当雨季的时候，院子里就冒出特

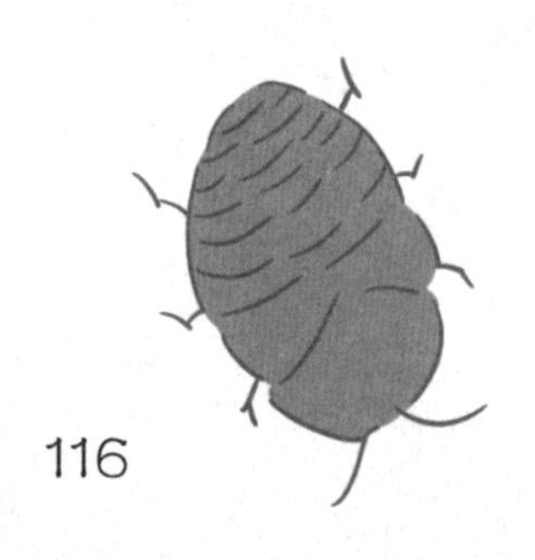

别多的“臭虫母”——这是地鳖虫的诨名儿。下回只要我不把没有晾干的衣服和湿漉漉的花草放在房间里，“臭虫母”大约也就不想再来房间做客了吧！这个结论，就用来当作文的结尾喽！

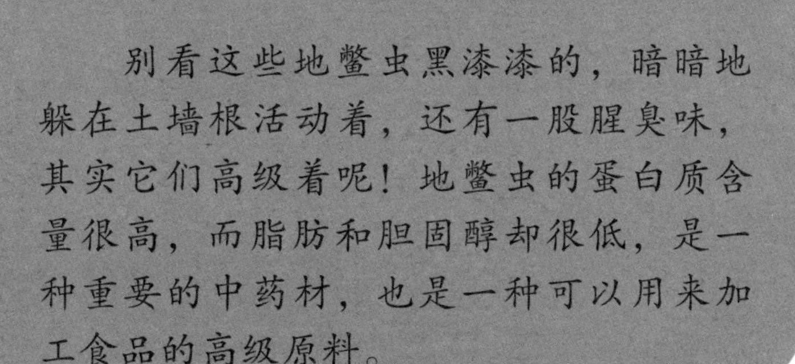

科学小贴士

别看这些地鳖虫黑漆漆的，暗暗地躲在土墙根活动着，还有一股腥臭味，其实它们高级着呢！地鳖虫的蛋白质含量很高，而脂肪和胆固醇却很低，是一种重要的中药材，也是一种可以用来加工食品的高级原料。

11月10日 星期六 恐龙博物馆

今天可真稀奇，高兴凌晨4点就醒了。当时他大喊大叫着：“快起来，快起来，不然赶不上去看恐龙的班车啦！”于是，我跟着醒了，又去隔壁把米粒叫醒了。因为，“科学小超人”全体成员昨晚在我家打地铺！这么步调一致，全都是为了今天去恐龙博物馆！

高兴一边嚷着，一边穿上他这个月最爱的有霸王龙头像的T恤，还很贴心地照顾我们两个，把三人份的果汁和干粮都扛到自己肩上。

接近 8 点 10 分，我们终于等来了开往恐龙博物馆的班车。就着颠簸的节拍，我领头唱起由米粒作曲、高兴填词的队歌："一个人，两个人，三个人一起，就是欢乐新奇有趣'科学小超人'！"高兴的兴奋劲儿根本不像是一个已经去了恐龙博物馆 17 次的老游客。

还有一件更让人想不到的事情，在博物馆入口处的"小迎宾"，居然是一窝恐龙蛋化石。其中还有直径不足 10 厘米的呢！从这个鸭蛋大小的壳里，真能孵出那庞然大物？

我回过神来的时候，被面前这具膝关节高过我肩膀的骨头架子吓了一跳。它们就是曾经在地球上生活过的最庞大的肉食动物——霸王龙，比北极熊大15倍以上！

右边的解说牌上写着，霸王龙长得特别快！它们十几岁的时候每天能长2千克，并且可以按照这个速度连着长4年！不仅长得快，而且一直在长，真是一种神奇的恐龙。

见识过了霸王龙，再看到华阳龙的时候觉得它们真是小得可怜。当高大的食草恐龙在抬头品尝树上的叶子时，华阳龙只能啃食地面附近的低矮植物。这“不起眼”的侏儒恐龙，常常成为其他恐龙的开胃美餐！不过在恐龙的世界里，再“不起眼”，华阳龙的体长也约4米，并且它们肩膀、腰部以及尾部的长刺也能很好地抵御恃强凌弱的大家伙。长得矮小也许不是坏事，靠近地面的风景说不定更美呢！

最后的节目是在漆黑的球幕电影院看3D电影，主角是一只始祖鸟。看样子，它很可能跟现代鸟类有亲缘关系。高兴的嘴巴一直没停，他就这样完成了从老游客到新导游的华丽转身。在高兴的解说下，博物馆的骨头架子和化石们好像都活过来了。我跟米粒感觉就像来到了侏罗纪公园。嗯，昨晚这地铺真没白打！

科学小贴士

今天吸收了太多的知识，请原谅海绵也会有饱和的时候，我并没有把它们全部记住。但有一条印象特别深刻，就是剑龙和腕龙的脑袋都特别小，科学家由此推断这两种恐龙都不怎么聪明。其中，剑龙可能是脑袋最小的恐龙，它的脑容量和狗不相上下。这么小容量的脑袋真的能让剑龙在恐龙世界存活？幸好，有古生物学家猜测，在它的臀部空腔里有“第二大脑”，能指挥前肢和尾巴的运动，协调身体。

11月24日 星期六 动物的外套

什么动物最爱冬天？企鹅、驯鹿、北极熊？不对，可能要算是日本猕猴！它们就等着冬天好泡温泉呢！猴儿们一个个在泉水里闭目养神、互相抓背，谁说冬天不是它们最好的季节呢，舒服得快笑出声了哟！这就是高兴爸爸上周在日本看到的画面。

听到这个故事的时候，我和高兴正头顶热毛巾泡着温泉汤，边上高兴爸爸背靠池边。这一刻如此惬意，我丝毫不介意现在自己看起来俨然是只猕猴。

温泉不宜久泡。我们刚走出温泉馆，就被冷风偷袭了。每当这种时候，我就有那么点儿羡慕高兴身上的脂肪。不然，能有麝牛那样的，和我们手臂一般长的毛发也行，听说比羊毛保暖 8 倍都不止呢！

高兴爸爸神秘地从口袋里摸出一块要以个人名义捐献给“科学小超人”小组的动物皮毛。这块皮毛来自于一只野生绵羊，它被发现的时候，躯体已所剩无几。于是，高兴的爸爸带走了一小块皮毛做研究用。

我们都是第一次摸到真正的野生动物皮毛，兴奋不已。如此兴奋的另一个原因是，那个疑惑已久的问题即将解开：动物皮毛真的保暖吗？

解答问题总是需要实验的帮助。我来做准备工作：两个带

盖的玻璃瓶、绳子、温热水和一块动物皮毛——如果不像我们这么幸运能获得一块的话，就用棉花代替吧！接下去换高兴操作：给其中一个瓶子灌满温热水（注意安全，别烫着），盖子拧紧喽，然后用那块珍贵的野生绵羊皮毛把瓶子牢牢裹住，再把另一个瓶子装满同样水温的热水，盖上盖子。我心血来潮地在水中滴上颜料，一下子这就变成了色彩斑斓的实验。

最后，由米粒来完成实验：半小时过去了，米粒将手指依次伸入两个瓶子中感受水温。答案非常明显，有一瓶水早已凉了，而“穿”着皮毛的那瓶还热着呢！

这块皮毛已经大声“喊”出了它的保温能力，参与实验的伙伴们都清楚“听”到啦！不过，米粒说出一些不和谐的弦外之音，也一股脑儿钻进了我们的耳朵里。

一个小二度和弦：在温度过高的夏天，这身皮毛转眼就会变成动物们的大麻烦，想象一下你在烈日下穿着一件脱不去的羽绒服会是怎样的心情吧！所以，很多皮毛厚实的动物夏天都会换毛。

一个小七度和弦：有个没法回避的事实，无论在哪儿、什么季节，总有人垂涎欲滴地盯着身披着美丽毛皮的野生动物，企图把它们的皮毛占为己有。这是涉嫌违法的行为。

科学小贴士

一些动物能生活在终年低温大风的极地地区，这多亏了它们身上的“厚外套”。还有加长版的呢，比如大多数雪鸮的皮毛可以盖过它的喙和爪子。而北极狐的皮毛更是富丽，甚至会变色，夏天是黑灰色，到了冬天全身就变成华美的白色。

12月3日 星期一 记录着“科学小超人”的相册

今天一早，高兴就已经在校门口等着我了，看起来格外兴奋的样子。我知道他一定有所图谋。果然，高兴向我展示了校报里的一页，上头一块豆腐干大小的文章署名是皮尔森，标题为《温柔地观察》。文章是这样写的：

想观察那些活泼好动，体形一丁点儿大的昆虫该怎么做？除了把自己变小潜入它们的微世界，或是用乙醚将它们麻醉后摆在放大镜下检查，没有可操作性更强些的法子了？

为昆虫们营造出一个安全的封闭环境，让它们以为自己仍处在自然里，接着尽情观察，听起来不错吧？这是一个温柔的

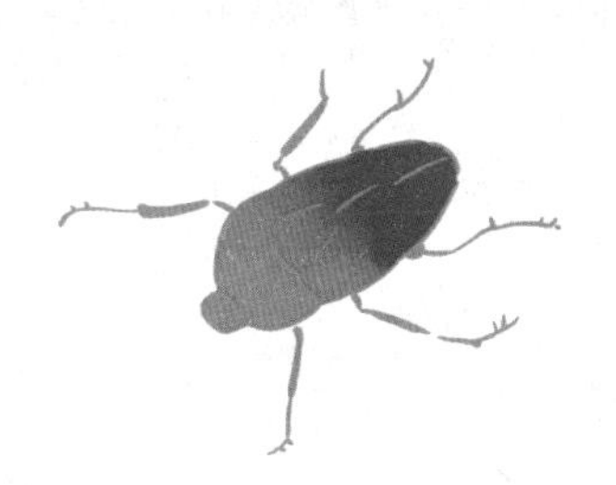

观察法，只需做一个立体纱网就好了。

需要四根高度在 0.5 米至 0.6 米之间的竹竿，将它们插入土中，使它们的顶点形成一个正方形，竿间距 0.35 米。然后，剪一块边长 0.36 米的正方形网布和一块 1.45 米 ×0.5 米的长方形网布。有心的你，到这儿为止，是不是已经从那几个数字里看出了什么？哈哈，是的，接下来我们要将长方形网布，沿着宽边对折，两端缝在一块儿。现在它是个圈儿啦，可以把竹竿的四面圈住。不过在这之前还有一步，将正方形网布的四边与网布圈儿开放的一边全部缝合，变成个只有一面开口的网兜。最后将这个网兜从上方整个套住竹竿支架就好啦！

将需要观察的昆虫放入这个立体网纱，剩下的就全部交给你的眼睛和脑袋来完成吧。观察完毕后记得将昆虫们放回自然哦！

这 400 多个字，就是高兴发表的处女作。文章配图竟然是“科学小超人”小组某次在野外活动时的合照。没想到自己也不小心在全校面前露脸了，嘿嘿！

当时我就不太明白，为什么高兴的这篇作文会被挑中。冬天，上哪儿找来昆虫圈到纱网里观察呢？

米粒适时出现了，

手里提着一本厚厚的相册和一包曲奇饼干，饼干看起来很美味，但我和高兴一点儿都不感兴趣。上次米粒在芝士蛋糕中加了胡萝卜，也许这次她的曲奇里有菠菜。我俩的目光都集中在那本相册上，里面到底会是什么内容呢？

米粒很喜欢自己做相册，这本相册可以说是“科学小超人”探索动物的全记录。第一张就是我和墙角园蛛的合影，还顺带拍到了高兴和他手中的《动物狂欢曲》。往后翻，琥珀和小饭的爪印也有出镜。看这张，哈哈，后院的大池塘！现在池塘里的物种可丰富了。

天哪，十分钟前我看到的，校报上高兴的处女座已经出现在相册里了！当然，不会少了那张我们仨都有出镜的文章配图啦！

米粒说看了这本相册的人，几乎都想找我们签名，还有低年级的同学想向我们讨教和小动物相处的秘诀。我们简直是这一刻校园里最酷的组合。

一晃，记录的相册居然也这么厚了。我们各自家中的“废品”当然增加了不少——比如一块动物皮毛、豚鼠的运动场。另外，还和许多新朋友搭上了话——地鳖虫、猫头鹰、七星瓢虫，等等。更重要的是用关于动物的知识和技能武装起来的头脑，它们能帮助我们面对自然界未知的东西。

好啦！我们现在不会再被早晨突然出现的壁虎、描写动物的小作文或者难以辨别的水生动物难倒了。可能我们也会险些中招或者差点儿没逃掉，但最终我们将会在大自然中生存下来，和“前辈们”——以存在了3亿年的昆虫为例，所有先于我们出现的生物，友爱地相处。

科学小贴士

在动物的眼中，我们是不同的生物，它们会对人类感到害怕。在观察昆虫的过程中，如果贸然捕获它们，粗鲁地对待，就会伤害到脆弱的昆虫。可是如果距离太远，根本就看不清。像高兴介绍的那样，制作一个观察网纱就能避免这样的情况发生。让昆虫们处在一个舒适自如的环境中，我们的观察也能进行得更加安心。

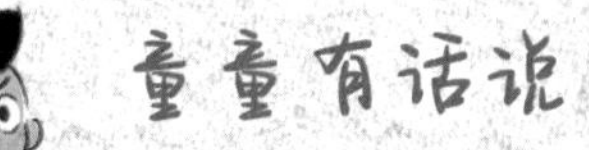

如何“偷窥”大自然

还记得米粒出品的“科学小超人”相册集引起围观的事儿吗？更有第二波热潮呢！许多低年级同学想求教其中的“真经”：为什么我们的奇思妙想能像石榴的果实一样密密麻麻？作为团队自封的发言人，我必须出面总结一下。其实这一点儿都不神秘，只要试着去观察大自然。高兴爷爷说，我们每个人都只是一个点，从眼睛出发的观察射线限定了我们生活圈面积的大小。一旦观察半径变长了，生活圈和外头的接触面积也变大了，那些奇思妙想就会像灯光下的小飞虫一样不请自来，甩也甩不掉。

首先，尝试用眼睛去体会生命的变化。比如，在路边遇见一只小鸟，静静地看它的身体线条、尾部形状、脚的模样、起飞的状态。目光可及的形状、颜色、活动时间全都可以成为观察的焦点。用心也用笔记下大自然展现在我们面前的资料，这就是一个完整的观察。

现在，我们对这种小鸟有了初步的印象，一些外观和活动状态已经了然于心，可就是不知道它的名字。别担心，已知的内容会像导盲犬一样，带我们找到它的名字。要是找不到也没有关系，我们至少比以前更熟悉这位动物朋友，不是吗？直到现在，米粒还在称呼我家院子里的优雪苔蛾为“白底红线黑点点蛾子”，大家都无意纠正她，因为总有一天米粒会在百科全书的某一页看到这种苔蛾的学名。那时候她一定已经非常了解优雪苔蛾了，相信优雪苔蛾也更乐于让自己的名字被一个真正懂自己的人所知。

这时候，另一个疑问就出现了：如果我们的日常生活中没有太多小鸟，也不可能说走就走去野外考察呢？这些小问题是没法阻碍我们的！经过高兴的统计，过去一年我们的观察记录中，在“高兴爷爷的别墅后院”中完成的，占所有活动的3%，在“其他城市”进行的占1%，在“其他国家”完成的仅占0.5%，余下几乎所有的观察记录，都是大伙儿在日常生活中进行的。我曾经给琥珀写过整整一册的观察记录：它今天便便的地点和昨天的不一样，它游戏的时间比昨天少了10分钟，我回家的时候它在玄关而不是在客厅里迎接等等。“科学小超人”就是在如此简陋的条件下，积累了厚厚的观察手册和那几本大相册。任何看似不起眼的点，在我们眼里都是一个未知的大世界。将观察变为一种习惯，你就会发觉，生活在城市中也有数不清的生物和现象可以慢慢琢磨。

不过，随着环保意识的增强，与我们一同住在城市的动植物在渐渐变多，我们会有更多伙伴可以观察！当观察成为日常的一部分，你无意中会发现，看腻了的公园似乎变漂亮了，“微观世界之街边花坛”的好戏每天都在上演，生活的内容更丰富。

仔细回想一下上面这些方法，有没有觉得自己像在“偷窥”？没错，爸爸把这解释为“静静地欣赏生物的美好”。他说，他的摄影工作其实也是一种对大自然的“偷窥”，只不过需要通过镜头来完成。啊，可以将“摄影”也加入到我们的记录方法中，真是个不错的主意！现在就开始试试吧！

图书在版编目（CIP）数据

动物超神奇 / 肖叶，曹思颉著；杜煜绘. -- 北京：天天出版社，2022.10
（孩子超喜爱的科学日记）
ISBN 978-7-5016-1909-2

Ⅰ. ①动… Ⅱ. ①肖… ②曹… ③杜… Ⅲ. ①动物—
少儿读物 Ⅳ. ①Q95-49

中国版本图书馆CIP数据核字(2022)第160452号

责任编辑： 陈　莎　　**美术编辑：** 曲　蒙
责任印制： 康远超　张　璞

出版发行： 天天出版社有限责任公司
地址： 北京市东城区东中街 42 号　　**邮编：** 100027
市场部： 010-64169902　　**传真：** 010-64169902
网址： http://www.tiantianpublishing.com
邮箱： tiantiancbs@163.com

印刷： 北京利丰雅高长城印刷有限公司　**经销：** 全国新华书店等
开本： 710 × 1000　1/16　　**印张：** 8.25
版次： 2022 年 10 月北京第 1 版　**印次：** 2022 年 10 月第 1 次印刷
字数： 78 千字　　**印数：** 1-5000 册

书号： 978-7-5016-1909-2　　**定价：** 30.00 元